切克兰德软系统思想和软系统方法论研究

闫旭晖◎著

中国纺织出版社有限公司

内 容 提 要

软系统思想和软系统方法论是在20世纪70年代的系统运动当中涌现和发展出来的一种处理人类问题情境的应用系统思想和系统方法论。本书以一种系统的整体观来全面地展现切克兰德软系统思想和软系统方法论，在对其形成背景、发展历程、哲学主张和社会理论基础进行详细介绍的基础上对其进行了评价和拓展，从而实现增强读者认识和处理人类复杂问题情境的能力的最终目的。

本书内容丰富、结构清晰、逻辑严谨，适合相关研究学者及相关专业学生参考使用。

图书在版编目（CIP）数据

切克兰德软系统思想和软系统方法论研究 / 闫旭晖著 . -- 北京：中国纺织出版社有限公司，2023. 11
ISBN 978-7-5229-1115-1

Ⅰ.①切…　Ⅱ.①闫…　Ⅲ.①系统思想—研究　Ⅳ.
① N94

中国国家版本馆 CIP 数据核字（2023）第 194702 号

责任编辑：史　岩　李立静　责任校对：高　涵　责任印制：储志伟

中国纺织出版社有限公司出版发行
地址：北京市朝阳区百子湾东里A407号楼　邮政编码：100124
销售电话：010—67004422　传真：010—87155801
http://www.c-textilep.com
中国纺织出版社天猫旗舰店
官方微博 http://weibo.com/2119887771
北京虎彩文化传播有限公司印刷　各地新华书店经销
2023年 11 月第 1 版第 1 次印刷
开本：710×1000　1/16　印张：11.75
字数：151千字　定价：99.90元

前　言

20 世纪 40 年代，随着"一般系统论"及"一般系统研究会"的建立，系统科学被划为一种旨在探索人类科学同构性规律的"公众知识"，这在西方科学领域掀起一股"系统运动"的浪潮。系统运动所要表达的核心思想就是鼓励人们以系统整体主义的思想去解决现实世界中各种有组织的复杂性问题。在 20 世纪 60 ~ 70 年代的系统运动中，系统论的实践者们在处理由人类参与的、目标和结构不明确的人类问题情境时，逐渐发现以运筹学、系统工程为代表的硬系统思想方法在解决由人类价值观和世界观差异所引发的有组织复杂性的问题时，陷入无法摆脱的困境。切克兰德的软系统思想和软系统方法论正是在这段时期涌现出来的，它是一种强调以诠释理解的方式来改善人类组织复杂问题情境的系统进路。

彼得·切克兰德是英国著名系统学家，1954 年毕业于牛津大学圣约翰学院，曾在英国最大的化学工业公司担任系统工程师。在长期实践中，他逐渐发现系统工程在解决人类复杂性事务时面临许多难以解决的困难。带着对系统工程的困惑，他于 1969 年加入了英国兰卡斯特大学系统工程专业的研究团队。在兰卡斯特大学的研究生涯中，他和同事们开展了一项运用系统思想方法解决人类复杂问题的"行动研究"，在行动研究当中，他在大量系统实践和反思的基础上创建和发展了软系统方法论。

软系统方法论采用系统整体主义思想与诠释主义的社会研究范式，通过建模、比较、讨论等活动来探明人类世界中价值观和世界观的差异，为解决人类世界有组织的复杂性问题提供一条有效的系统进路。切克兰德在这条道路上孜孜不倦地耕耘了四十多年，他的贡献主要体现在他的 5 本代表著作和为数众多的研究论文当中，这 5 本代表著作包括：1981 年出版的《系统思想，系统实践》、1990 年出版的《行动中的软系统方法论》、1998 年出版的《信息、系统、信息系统》、1999 年出版的《软系统方法论：30 年回顾》和 2006 年出版的《学习行动》。在这些作品中，软系统思想和方法论几乎每隔十年就有一个大的发展跨越。切克兰德的软系统方法论为系统思想和系统实践提供了一种新范式，它是系统运动史上的一块重要里程碑，鉴于其取得卓越的成就，英国系统学会对其特别授予"系统思想杰出贡献"奖。

软系统方法论于 20 世纪 90 年代初进入我国学术领域。目前在国内翻译出版的著作有两本，一本是 1990 年由张华夏教授主编的《系统思想，系统实践》，另一本是由笔者于 2018 年翻译出版的《系统思想，系统实践（含 30 年回顾）》。在近三十年中，随着软系统方法论著作翻译出版和国内外学术交流加强，该理论逐渐被国内系统科学领域的学者和企业管理者关注。目前，我国学者对软系统方法论的关注大多集中在软系统方法论实践应用领域，如区域产业结构研究、资源配置问题的解决、信息系统的开发、企业战略制定的方法、企业知识管理、公共项目决策、教育培训活动等。其中，能够对软系统思想及软系统方法论的理论结构进行深入探讨和评述的文献并不多见，许多文献对软系统方法论的认识和见解还停留在 1981 年出版的《系统思想，系统实践》的"七个步骤"模型阶段，并没有关注软系统方法论此后的更新和完善，这说明该理论体系在我国尚处在发展阶段，需要学术领域做出更多的努力。

笔者于 2002 年在英国赫尔大学商学院读研期间有幸接触到系统思想这门专业课，至今还清晰地记得在学习系统思想的课堂上，一位戴眼镜的英国老师津津有味地讲授着关于系统的概念，能够让人感觉到这是一门不容易理解、但很有启发性的学科。2004年笔者毕业回国后，开始在教育领域工作，期间攻读了科学哲学博士学位，在读博期间根据自己的兴趣和学业安排，开始对切克兰德软系统思想和软系统方法论进行长期跟踪研究。2008年，华南师范大学主办了"系统科学哲学与社会发展国际研讨会"，会议特别邀请了英国系统学家切克兰德来华交流，当时笔者有幸担任切克兰德演讲的现场翻译，他当时报告的题目是"研究现实生活——对30年行动研究的反思"。在和这位年近60岁的学者近距离的接触当中，笔者深深感受到他身上那种认真严谨、谦逊不亢和与时俱进的治学精神。在对软系统方法论研究的过程中，笔者日益感觉到该理论对当代组织管理、社会治理等带来的启发，尤其是在当前我国社会处在转型升级的时代背景下，关于企业和政府的管理者如何平衡各方利益关系、化解危机、构建和谐的社会形态的问题，软系统方法论或许能给我们提供一种有益的方法论指引和启发。

本书主要研究切克兰德的软系统思想和软系统方法论，然而这不是一件容易的事情，因为该理论体系不仅涉及系统运动以来涌现出来的各种系统思想概念，还涉及科学哲学、社会科学和自然科学等领域的相关理论和概念。因此，要想准确地把握切克兰德的这种思想理论，必须以跨学科的视野来进行考察。本书以此作为出发点，力图以一种系统的整体观来全面地展现切克兰德软系统思想和软系统方法论，并在此基础上进行恰当的评价和有益的拓展。根据这样的初衷，本书研究内容包括软系统思想和软系统方法论的形成背景、理论的发展过程、理论构建的哲学主张和社会理论基础、对该理论的评价以及理论的拓展五个方面。

本书第一章至第三章的主要任务是深度挖掘切克兰德软系统思想理论产生的背景，这主要体现在三方面。①反思一般系统论，指出其以缺乏内容来换取理论普遍性，由此启发我们软系统思想是一种注重解决人类事务特殊情境的系统进路；反思硬系统思想"目标导向"的系统化理性，揭示实证主义事实与价值的分离导致硬系统思想无法有效处理由人的价值观和世界观引起的复杂问题的事实，由此启发我们进一步关注一种以诠释理解为主导的系统进路。②介绍硬系统思想在运筹学领域的软化趋势，如邱其曼发展的强调辩证讨论的"社会系统设计"理论，阿科夫发展的强调民主参与的"交互式计划"。③提出对软系统思想构建有直接影响的两个因素：一个是维克斯"评价系统理论"，另一个是"行动研究"。"评价系统理论"带来了一种"关系维护"管理思想，它与系统思想在关注系统内在联系的整体观方面是一致的，这对切克兰德此后强调诠释理解的思想理论产生重要的影响。"行动研究"的作用是帮助切克兰德构建解决问题的逻辑框架，同时指导切克兰德在改进系统工程实践中发展软系统思想和软系统方法论。

第四章解析了软系统思想的内涵，主要介绍了软系统思想包含的主要概念，如"突现与层级""通信与控制""人类活动系统""整体子"以及"学习系统"等。在此基础上，本书通过比较软和硬两种系统思想澄清了硬系统思想和软系统思想对系统概念认识的不同，指出硬系统思想的系统概念是一种基于实证主义对客观世界的描述工具，硬系统思想遵循的是强调目标实现的功能主义范式。软系统思想采用的系统概念是基于现象学的一种认识论工具，软系统思想遵循的是强调关系维护的诠释主义的研究范式。

第五章详细介绍了软系统方法论发展的三个主要阶段，即"七个步骤"模型、"文化流和逻辑流"分析模型、作为内化活动的 7 个原则和 5 项主要活动，并在梳理理论过程中指出：软系统方法论在过去 30 年中经历了一系列的转变，其中最主要的转变是软系统方法论所关注的内容已从早期的方法论构建，转向以学习、理解问题情境为驱动力的内化活动，正是这些对问题情境中各种目的性活动的思考，使软系统方法论转变为一种认识论。

第六章从哲学和社会学理论的视角来阐明软系统思想理论的哲学主张和社会理论基础，并通过反思传统实证科学遵循的理性，指出实证主义遵循的研究原则在社会科学和人文科学领域存在严重的问题。本章在反思基础上介绍了胡塞尔和舒茨的现象学理论，并把这种理论与软系统方法论进行比较，进一步阐明软系统思想理论的现象学哲学的主张。这种阐明也是对第一章中反思一般系统论缺乏明确哲学主张的一种回应。在探讨软系统思想理论采用的社会研究范式方面，本章以伯勒尔和摩根的社会理论划分的类型图为基础，探讨了软系统方法论与狄尔泰的诠释循环、韦伯的诠释主义、舒茨的现象学社会学以及哈贝马斯的三种兴趣等理论之间的内在联系，通过比较分析把软系统方法论的诠释主义的社会研究范式阐明清楚。

第七章对切克兰德软系统思想理论进行了科学的评价。评价工作从贡献和不足两方面进行。在评价贡献方面，本章在反思前面四章的基础上提出软系统思想理论实现了 3 个转变：即在哲学主张上从实证主义向现象学的转变；在社会研究范式上由功能主义向诠释主义的转变；在对组织的理解上由"目标导向"向"关系维护"的转变。同时本章从科学哲学层面，通过把软系统思想理论与证伪主义知识进化论进行比较，指出软系统思想方法论是对科学哲学领域知识观的一种补充。本章在介绍不同学派对软系统思想理论批评的基础上指出其存在的两点不足：一是理论缺乏兼容性，即过分地遵循诠释主义研究进路以至于忽视了采用其他系统进路的可能性；二是方法论的讨论环节忽视了权力因素对自由公开讨论的限制。最后，本章在分析贡献和不足的基础上对软系统思想方法论做出合适的定位，即一种基于系统整体论处理人类问题情境的诠释主义系统进路。

第八章先从系统运动的视角总结了不同阶段成就对系统思想的影响，并在此基础上建议把"自组织和适应性进化"作为第三组系统思想概念补充入切克兰德原有的两组系统思想概念中。在对软系统方法论的拓展上，本章建议采用哈贝马斯的"交往的合理性"来修补讨论环节易受政治权力压制的缺陷。此外，在方法论的兼容性问题上，本章引入了具有"过渡区域"的"多范式观点"以及杰克逊的系统方法论系统的分析框架来增强软系统方法论改善问题情境的能力。

总体来看，本书从系统的整体论的角度来梳理、评价和拓展切克兰德软系统思想和软系统方法论，其最终目的是增强我们认识和处理人类复杂问题情境的能力。

由于个人能力有限，书中难免存在错漏之处，恳请读者提出宝贵意见。本书中的一些观点受益于中山大学张华夏教授和华南师范大学颜泽贤教授的指导，在此表示衷心的感谢！

闫旭晖

2023 年 2 月 8 日于广州

目 录

第一章 人类世界有组织的复杂性

随着 17 世纪西方近代科学革命的发展，科学的理性分析和经验检验在西方的科学领域产生了重要的影响。在自然科学研究领域，以机械还原论和证伪主义为主导的研究范式取得了巨大的成功，这种成功曾经使人们确信这就是人们认识世界和改造世界的真理。然而，随着科学的进步，当人们在自然科学和社会科学领域不断深入并触及那些有组织的复杂性时，这种曾经根深蒂固的思维范式遭到了前所未有的动摇。19 世纪末 20 世纪初，在西方生物学领域，活力论、机械论和机体论等学派针对如何解释生命现象中有组织的复杂性展开了大讨论，讨论的结果使人们明白这种有组织的复杂性既不是活力论中所谓"生命原理"的主导结果，又不是机械还原论中"机器"运作机制的结果，此时机体论学派的观点脱颖而出，他们认为对生命现象中有组织的复杂性现象的解释，需要站在整体主义的视角，需要对生命整体系统中的组分之间、组分与整体系统之间以及整体与环境之间特定相互作用的关系进行详细的考察，才能对生命的进化变异做出科学的解释。20 世纪初，这种对有组织的复杂性的探讨引发了系统运动的第一次浪潮。在这次浪潮中，美国生物学家冯·贝塔朗菲创建的"一般系统论"的主导地位得到了确立。在一般系统论的基础上，系统思想的实践者们在反思和实践中创建和发展了处理现实复杂问题情境的应用系统思想和特定的系统方法论。

1.1 人类科学应对有组织的复杂性问题

20世纪以来，随着人类社会从工业经济时代向知识经济时代转变，人类社会的管理思想正经历一个由简单到复杂、由线性到非线性、由机械还原论到有机整体论的转变。人类科学近一个世纪的研究表明，人类所生活的世界是一个确定性和不确定性交织的复杂性世界。英国著名控制论专家斯塔福德·比尔敏锐地指出："旧世界人类组织的主要特征是管理事物，新世界人类组织的主要特征是处理复杂性。"

对于复杂性问题的探索，信息论创始人之一、美国著名科学家威佛在其《科学与复杂性》的论文中前瞻性地将人类世界的问题划分为简单性问题和复杂性问题，其中复杂性问题划分为有组织的复杂性问题和无组织的复杂性问题。他认为20世纪以前的自然科学，尤其是在物理学领域，所研究的对象是由两个变量构成的简单性问题。然而到了20世纪，随着研究对象（尤其在生物学领域）所包含的变量数目的增多，变量之间的相互作用关系已超出人们所能驾驭的范畴，于是原先的简单性问题就升级为复杂性问题。在复杂性问题当中，当研究对象的变量超出2个并达到非常多的数目，并且其中每个变量都处于不确定或者完全未知的状态时，就构成了无组织的复杂性问题。在这种无组织的复杂性问题的情境中，尽管这些变量是完全不确定的，这些变量的行为以及这些变量构成的整体系统，还存在着有序和可分析的性质，科学家们可借助概率论和统计学对这类问题加以解决。

然而，现实世界问题的复杂性远非如此，威佛指出，现实世界中，简单性问题和无组织的复杂性问题其实仅仅构成了现实世界问题的一小部分，它们分别占据了现实世界问题的两个极端，而在这两个极端中间，还存在着大量有组织的复杂性问题。这些所谓有组织的复杂性问题情境中，虽然研究对象的变量数目是有限的，但是这些变量之间的复杂关系所导致的整体行为却是统计学和概率论无法处理的。

威佛认为，这种有组织的复杂性问题是 20 世纪以前人类科学研究较少触及和难以驾驭的领域，同时也是人类科学在未来 50 多年中，需要做出第三次大发展跨越的主要方向。在如何对待科学发展与复杂性探索之间的关系时，他进一步指出，跨学科团队的研究方式对于研究复杂性问题是有益的。他同时还特别指出，人类科学在探索复杂性进程中不仅要强调自然科学严谨的逻辑性，还要关注人文科学中关于人的因素，对此他写道："如果科学只是处理基于逻辑特征的定量问题，如果科学不去关注人的价值或目的，那么具有现代科学知识的人们如何平衡好他们的生活呢？在这种协调平衡的生活中，逻辑与美丽如影随行，效率与美德相伴。"

沿着威佛科学应对复杂性问题的思路前进，我们可初步洞悉现实世界的复杂性取决于三点：一是研究对象所拥有的个体变量的数目，二是这些个体变量之间的关系，三是个体变量与整体行为之间的关系。其中，后两种关系是判定复杂性的决定性的因素。对这些相互作用关系的探索构成了 20 世纪以来人类科学发展的主要脉络。

20 世纪初，在生物领域，长期困扰着哲学家和生物学家的生命进化现象逐步得到了科学的解释。例如，关于生命体中的胚细胞分裂和分化生长的现象，机体论学派发现这种有组织的复杂性绝不是活力论中所谓的"生命原理"主导的结果，也不是机械还原论中的"机器"运作机制的结果，而是在由一定数目的组分构成的整体系统中，由系统组分之间、组分与整体系统之间以及整体系统与环境之间某种特定非线性相互作用导致的，这种非线性作用产生了生命体有组织的复杂性并使整体系统呈现突现、层级、自组织与进化等系统特征。机体论学派对这种系统内部与外部关系进行跨学科研究的强烈期望促使美籍奥地利生物学家贝塔朗菲建立了一般系统论，他把一般系统论发展为一门跨学科研究有组织的复杂性的科学。这门科学倡导采用系统的整体主义思想，通过数学同构模型方法和系统概念把一个成熟学科领域的理论成果移植到另一个不成熟学科领域，通过跨领域、跨学科的研究应用，消除不同领域内重复性的理论探索，促进科学的统一。系统论早期的倡导者们把这门科学的目标定位在以下4点上：①考察各个研究领域中概念、定律与模型的同构性，帮助它们实现从一个领域到另一领域的应用。②鼓励在那些缺乏理论模型的领域发展足够多的理论模型。③消除不同领域中理论探索的重复工作。④通过改善不同学科专家之间的沟通来促进科学的统一。

在此指引下，在20世纪下半叶，人类社会对复杂性的探索获得了迅猛的发展。

1.2 认识人类社会有组织的复杂性

在对现实世界复杂性认识上，英国系统学者鲍尔丁于1956年写的《一般系统论——科学的框架》一文中较早地运用系统的观点将现实世界的复杂性直观地划分为9个层级，见表1-1。其中，第1～6层级代表了非人类参与的系统的复杂性，第7～8层级是由人类参与的系统的复杂性，第9层级是一个关于超越了人类知识的系统复杂性。在这9个层级当中，除了第9层级涉及非人类现实生活的神秘领域，其他层级都存在于人类生活的现实世界。虽然这种对复杂性的划分是直观和简陋的，但它能够启发人们：人类要理解和应对复杂性，首先就要对现实世界进行系统分类，并据此来探索各类系统中存在的复杂性。

表1-1　鲍尔丁关于现实世界复杂性的简要的分层

序号	层级	特征	例子（具体或抽象）	相关科学
1	结构、框架	客观存在的、静止的	晶体结构，桥	任何学科中以文字、语言或图案形式的描述
2	类似钟表的机械结构	客观存在功能结构、运动有规律可循	时钟、机器、太阳系统	物理学、经典的自然系统

序号	层级	特征	例子（具体或抽象）	相关科学
3	存在控制功能的结构体	闭合回路控制、负反馈控制	空调、有机体的动态平衡机制	控制理论、控制论
4	开放系统	存在输入和输出，具备自我维护的功能结构	生物细胞、生命机体	新陈代谢理论（信息论）
5	低级生物体	具备功能组织的整体，有增长和繁殖的能力	植物	植物学
6	动物	具备有一个指挥控制行为的大脑，具有简单学习的能力	动物	动物学
7	人类	有自我意识、语言文化、意向活动、有价值判断能力	人类	生物学、心理学
8	社会文化系统	沟通协作、传递价值、追求目标、契约关系	家庭、学校、企业、国家	历史学、社会学、人类学、行为科学
9	超自然系统	不可避免的、不可认知的	上帝、神	宗教

　　英国著名系统学家彼得·切克兰德在其1981年出版的《系统思想，系统实践》一书中将现实世界划分为自然系统、人工物理系统、人工抽象系统、人类活动系统等。自然系统是具有自我进化的客观存在系统；人工系统是由人类设计、体现人类主观意志的系统；人类活动系统是由人类参与和组织实施的活动系统。其中，自然系统和人类活动系统共同构造了一种具有自我进化的人类群体生活的系统，这就是社会系统。人类生活世界中的有组织的复杂性问题大多分布于社会系统当中。

　　在社会系统中，由人参与的活动构成了内涵丰富的人类生活世界。研究人类生活中个体之间以及个体与整体之间的复杂关系是19世纪以来人文科学、社会科学领域所关注的问题。19世纪以来的社会学家和哲学家为我们研究人类生活世界的复杂性提供了丰富的思考。德国著名历史学家、哲学家狄尔泰深刻地指出：人类生活世界是有时间结构的，人类生活的每一刻承载着对于过去的觉醒和对于未来的参与。他指出，人类生活的主要内容由体验、表达和理解三种活动构成。其中，体验是人类与生活世界发生交互作用的过程，人类通过体验获得了对世界的感知经验。表达是作为社会一份子的人类个体与其他人进行分享和交流经验的活动过程。体验与表达两项活动产生了人类生活的丰富的意义，这种意义反映了不同个体独特的内在精神世界，包括经验、思想、情感、记忆和欲望的人类生活的内在结构。对于这种生活意义，狄尔泰指出："一个由精神创造出来的结构可以进入感官的世界并且得到实现，而我们只有通过洞察存在于这种世界背后的东西，才能理解这种结构。"

狄尔泰对人类生活世界的认识带给我们一个关于人类生活世界复杂性的初步图景：即人类生活世界绝不像物质世界那样缺乏理性；相反，人类世界包含了丰富的理性，其中，意义是人类生活的前提，而理解则是把握这些意义的基本手段，研究这类问题不能像自然科学研究那样把它当作外部的东西，而应把它当作人类精神世界内在的东西并用诠释的方式来理解它。

德国社会学家马克思·韦伯认为人类社会是由许多活生生的个体组成的，每一个人都具有一种对世界进行表态的价值态度，每个人眼中的这个世界的景象可能是不同的。在人类生活世界中，人类依据某种价值观念与一定的实在发生关系，从而形成了价值判断。因为有了价值判断，所以才会有狄尔泰所谓的生活意义。由于每个人的价值观不尽相同，所以生活的意义也是丰富多样的。这种丰富多样的意义造就了人类生活世界的复杂性。理解这种复杂性，需要我们追溯到特定时间结构、特定情境中的人类所做出的价值判断活动，这是人类科学不容易解决的事情。

人类世界的有组织的复杂性同时还与人类个体之间的各种关系紧密相关。对于这种有组织的复杂性，可以作以下解释：随着社会分工日益精细，人类个体将不可避免地与他人发生这样或那样的关系活动，同时人类在应对复杂多变的外部环境时，个体的力量总是有限的，因此人类个体有组织地结合在一起往往成为人类活动的主要模式，如原始社会的集体狩猎行为。这种基于共同的目的、价值观、世界观、信仰，有组织、有目的地结合在一起的群体活动构成了人类生活世界中的一种有组织的复杂性。人类活动系统这种有组织、有目的的活动渗透于社会的每一个环节，从家庭到企业，再到民族、国家乃至整个人类社会。对于这种有组织的活动，可以通过以下两个例子加以理解。

第一个例子是在全球变暖问题上国际社会所采取的应对措施。在经济全球化的今天，人类逐渐意识到温室效应和全球变暖已开始危及人类社会的生存与发展。发达国家和发展中国家在几十年前就已开始有组织地商讨并制定节能减排措施以延缓全球变暖的进程，从京都协议到哥本哈根会议都得到国际社会的广泛关注。这是一个涉及人类社会生存发展、非单个国家所能应对的复杂问题，因此需要各国联合起来共同商讨制定节能减排的标准和政策，然而标准、政策的制定和各国减排指标的分配，却不是容易解决的，其背后涉及各方的价值观、世界观的差异，以及政治、经济等领域的利益博弈等因素。中国政府已经承诺在 2030 年前实现碳达峰和 2060 年前实现碳中和，起到了一个大国表率的作用。

第二个例子涉及司法领域的关于对有组织犯罪的应对策略。近几年，有组织犯罪现象日益成为国际司法领域关注的问题，因为这种有组织犯罪具有组织严密、覆盖面广、隐蔽性强、危害严重、打击难度大的特点，因此这种有组织犯罪被国际社会公认为是最高犯罪形态，被联合国大会称为"世界三大犯罪灾难"。对此，有的国家把打击有组织犯罪当作维护社会稳定的最高战略来抓，有的国家为此还专门设定相关的法律，如美国联邦政府早在 1970 年就建立了《有组织犯罪控制法》，通过极为严厉的刑事制裁措施来打击有组织犯罪。

来自人类社会的有组织的复杂性对人类科学提出了新的挑战，在应对挑战的进程中，传统的自然科学和社会科学在应对人类世界有组织的复杂性过程中也在不断反思和进化。

1.3 一般系统论面临的困境

20 世纪 50 年代，在生物学家贝塔朗菲、经济学家鲍尔丁、数学家拉波波特、物理学家杰拉德和人类学家克拉克洪等人倡导下，"一般系统研究会"建立，以贝塔朗菲为代表的系统论创建者们把一般系统论正式划为科学领域的一种"公众知识"，这种知识旨在通过数学同构模型使系统思想的概念和理论实现跨领域、跨学科的运用。

然而，《一般系统论（基础、发展和应用）》主要对那个时期的系统思想理论作了概括性的介绍和对这门科学在未来各学科领域的可能发展前景作了前瞻性的描述，并没有在跨学科的应用实践上提出具体可行的方法论指引。对此美国经济学家、一般系统学会前任主席鲍尔丁敏锐地指出："一般系统论存在的问题是它以牺牲内容来换取它的普遍性。"这种批评可以把一般系统论的不足归纳为以下三点。

（1）一般系统论缺乏实质性的核心思想概念。一般系统论给人最大的印象就是它强调内在联系的整体观念，然而这种整体观念在认识论和方法论上不能帮助我们获得突破性的进展，其原因在于一般系统论对系统思想的阐述更多是建立在抽象的数学模型基础上，还缺乏更加具体实用的、能够把理论与实践联系起来的概念。这导致了一般系统论远离现实生活世界、远离实践。

（2）一般系统论未能在系统实践领域为系统思想的实践者们提供关于系统方法论的理论指导。现实世界中的许多问题并不是孤立存在的，同时这些问题往往掺杂着人类的某种价值观和世界观并使之成为一种复杂而富有意义的问题情境。一般系统论建立的目标虽然致力于不同学科的同构性知识的探索和运用，但它并不涉及对特定问题情境的方法论研究，尤其不涉及对有世界观和价值观参与的问题情境研究。因此早期的系统思想实践者们只能在实践中摸着石头过河。同时，早期的系统论未能为系统思想实践者们提供反思方法论与问题情境相互适应的指导。由于系统方法论都是针对某种特定类型的问题情境设计的，它反映了方法论设计者特定的世界观。在跨学科运用那些曾在其他领域运用成功的方法论时，如果人们不能有效区分出方法论对问题情境的适用性，那么盲目运用方法论必然会陷入困境。

（3）一般系统论未能真正获得一种明晰的哲学主张作为理论和实践的指导思想。一般系统论倡导者们坚持整体先于部分的知识观，长期以来，在整体的突显特征能否根据其构成组分进行解释这个问题上，系统论与还原论产生严重对立分歧。然而，系统论这种建立在整体优先的反还原论立场由于其缺乏明晰的哲学主张作为其理论和实践的指导思想，导致系统论的实践者们陷入了裹足不前的困境。英国哲学家罗素曾对这种系统的整体观评价道："假使一切知识都是关于整体宇宙的知识，那么就不会有任何知识了。"切克兰德在考察 20 世纪 70 年代以前的系统运动的概貌后，认为系统思想和还原分析思想将逐渐地被人们视为科学思想的孪生姐妹，他指出在过去几十年的系统运动中，系统思想理论的发展是"有意义但不辉煌"的。究其原因，主要是还原分析在 17 世纪以来在科学发展和社会实践中为人们在认识论和方法论上带来了巨大的成功，使这种思想根深蒂固于人们的头脑中，同时更重要的是，作为反还原论的系统论在当时还没有提出自己明晰的哲学主张。

在应对一般系统论的上述不足时，切克兰德指出："系统运动中的进步更可能得自系统思想在特定问题领域的应用，而不是提出一套完美的理论。"因此，要把系统思想贯彻到系统实践当中就必须明确系统的核心概念、应用的问题情境、应用的方法论以及这种应用系统思想的哲学主张。切克兰德认为："一般系统理论在应用上的失败，并不意味着系统思想自身的失败，事实上，系统思想以不同的方式繁荣起来。人们对系统思想的研究既有停留在纯理论的研究，又有把系统思想应用于特定的问题领域的应用研究，还有把两者结合起来的研究。"20世纪60年代的倡导运用系统整体思想探究世界复杂性的"系统运动"表明，在系统思想理论领域，许多与系统思想相关的"亚类"学科，如控制论、信息论等，正在各个专业领域蓬勃地发展。同时，在系统实践领域，一些应用系统思想和方法正从社会实践中茁壮成长，它们从认识论和方法论层面为人类解决特殊领域的问题提供有益的研究进路，其中以系统工程为代表的硬系统思想以及后来涌现的切克兰德的软系统思想正是从那个时期的系统运动中涌现出来的两种系统研究范式。

第二章　硬系统思想

硬系统思想起源于20世纪30年代系统思想在军事领域的应用，它强调的"目标导向"和"系统化理性"的研究方法迅速在工程技术领域和经济领域崛起，推动了人类工业文明进入鼎盛时期，形成了今天我们称为"运筹学""系统工程"和"系统分析"等的应用科学。

2.1 运筹学

运筹学的思想最早起源于第二次世界大战期间英国军方对雷达防空系统的设计和评估工作的研究，它在战争期间的出色表现使这种方法迅速在盟军中普及。例如，军队在探究轰炸机飞行队形时关注的问题是：我们所拥有的轰炸机可以摧毁多少敌方工厂？在飞行中用什么方式可以最有效地集结兵力？在什么样的飞行速度和飞行高度下，飞行可以避免过多的损失？它在第二次世界大战后的经济重建过程中曾帮助各国政府在科学合理地安置人、财、物和时间等资源方面发挥了积极的决策支持作用，例如，利用运筹学可解决经济领域的仓储问题、资源分配问题、排队等候问题、路线选择问题等。英国运筹学协会把这门科学看作"一套关于系统的科学模型方法，它同时整合了关于风险与机遇的绩效评估手段，以便人们能够对各种备选的决策、战略或可控制的结果进行比较和预测。其目的是帮助管理者科学地制定政策和采取行动"。

关于运筹学方法的规范书面表述，最早是由邱其曼、阿科夫以及阿诺夫等人于 1957 年提出的。他们一致把运筹学看作解决复杂组织所有问题的一种系统进路，其目标是"帮助组织管理者全面理解如何寻求解决问题的最优方案"，该方法强调采用跨学科团队合作的方式和科学的方法流程来研究系统的各种问题。他们把运筹学解决问题的步骤划分为六点：①勾勒问题。②构造一个关于目标系统的数学模型。③从模型中产生出一套解决方案。④检验该模型以及由此产生的解决方案。⑤对解决方案建立控制。⑥实施方案。

对于这种方法，切克兰德指出，运筹学解决问题的逻辑是建立在现实世界反复出现的相似问题上的，一旦问题的形式被人们理想化，那么解决问题的规则系统就可以做出相应的处理和改善。他进一步指出，运筹学实际上是遵循了传统自然科学领域的理性分析、建立假设和检验假设的研究范式，即对要解决的问题先提出假说，然后构造模型，最后验证模型的可靠性。它与自然科学研究不同的是，它的研究对象不是客观存在的物体或现象，而是一种现实世界中存在的某种特定问题情境。在对待问题情境的研究中，运筹学并不关注问题情境本身，而关注用于反映该问题情境的理想化模型，通过研究模型来寻求解决问题的方法和策略。因此，这是一种以模型为导向的系统方法。运筹学作为系统思想最早在现实问题情境中的应用，它对第二次世界大战之后发展起来的系统工程和兰德系统分析产生了重要影响。

2.2 系统工程

系统工程作为一门学科诞生于 20 世纪 30 年代，当时美国无线电广播公司在发展电视广播事业时首先引进一种叫做系统的研究方法。到了第二次世界大战期间，这种系统的研究方法与军事调度紧密结合，提高了军队作战反应的效率。例如，在英伦半岛的保卫战中，英国防御系统为了能够对穿越英吉利海峡的德国轰炸机进行快速反应并拦截，对整体防御系统的信息流、物流做了技术调整：在南部海岸线部署当时最先进的"链向"雷达，能够检测从法国起飞的敌机；铺设了从前线到指挥部的直拨电话系统，设计出简要密码本，能够快速传递军情；开发出桌面作战地图，地图配有移动标签，可以帮助指挥员清晰、快速地研判战场敌我军情态势。同时，要求在前线机场的飞行员在执勤期间守候在飞机旁边，随时起飞进行拦截。

第二次世界大战期间兴起的运筹学为系统工程的发展提供了关于系统的实用方法和技术。后来贝尔电话实验室工程师 A. D. 霍尔在项目实践中首次采用"系统工程"的概念来表述这种系统方法。他认为系统工程是一种"有组织的创造性技术"，即通过构思、设计、评价和实施等过程来满足对特定任务目标的实现。切克兰德指出，系统工程最早以一种技术的形式出现并用于新系统的研发过程，它在很大程度上参考了运筹学所采用的方法，它们之间的差异是：运筹学研究的对象是现存的系统，而系统工程针对的是一个将要存在的系统。

霍尔 1962 年出版的《系统工程方法论》一书成为系统工程方法论体系的奠基性著作。在该书中，他将系统工程的思想方法概括为六项活动，即问题定义、目标选择、系统综合、系统分析、最优系统选择和计划实施。

从系统的视角来看，这六项活动是按一定的逻辑顺序被组织在一起的。对此，美国学者 H. 切斯纳特在 1967 年出版的《系统工程学的方法》一书中指出："虽然每个系统都是由许多不同的功能部分组成，而这些功能部分之间又存在着相互关系，但是每一个系统都是完整的整体，每一个系统都有一定数量的目标。系统工程就是按照系统整体的各个目标进行权衡与协调，以期求得系统功能的整体最优化，最大限度地使其系统组成部分的功能相互适应。"

从系统工程的发展历程来看,系统工程是一门用整体主义思想协调控制系统内部的各种功能活动,以期实现整体优化的思想方法。系统工程解决问题的过程就是一个追求目标实现的过程。系统工程的关注点在于问题的整体过程的优化,而不是优化某项特定的技术。这种思想方法帮助人类解决了当代许多复杂而巨大的工程技术问题,例如,20世纪70年代美国宇航局借助系统工程方法实现了宏伟的阿波罗登月计划。下面将以阿波罗登月计划为例说明系统工程方法论的应用特点。

阿波罗登月计划是20世纪60年代美国政府在和苏联的太空竞赛中的一项重大战略项目。该项目由美国宇航局领导,其目标是用10年时间将人类送上月球。整个项目从1961年开始实施到1972年结束,历时约11年,期间共有2万多家企业、200多所大学和80多个科研机构参与该项目,总人数超过30万。该项目总投资约254亿美元。从系统工程视角来看,该项目的实施大致经历了以下6个阶段。

(1)定义问题。20世纪50年代末至60年代正是美国和苏联两大阵营的冷战时期,苏联在1957年率先发射人造卫星进入外太空,这极大刺激了以美国为首的西方资本主义阵营。彼时的美国肯尼迪政府下定决心要开展一场轰轰烈烈的太空竞赛,以此来扭转美国在竞赛中的劣势。

(2)选择目标和制定评价标准。在阿波罗登月计划中,美国政府的目标非常明确,那就是在10年之内率先实现将人类送上月球并安全返回。当时美国科技已具备了进入外太空的4项基本技术条件:一是大型运载火箭的发射技术;二是控制宇宙飞船运行的技术;三是轨道线路分析和轨道测量的技术;四是地面与宇宙飞船的通信技术。这些技术条件为美国实现阿波罗登月计划提供了坚实的技术保障。该项目由美国宇航局承担实施,为了保障技术安全实施,他们首先制定各种技术标准,包括可靠性标准、安全标准、稳妥性标准、简单性标准、后备能力标准、接口设计标准、进度标准、成本控制标准等。这些标准为后续工程项目的实施提供了方向性的指引。

（3）系统综合。系统综合就是根据系统的目标和标准提出多组可供选择的方案，这些方案的产生是人类智慧的体现。由于没有任何先例可供参考，只能要求研究者既要从人类知识库和过往相似案例中搜索综合，又要高度发挥想象力和创造性，做出大胆的创新设计。当时美国宇航局的火箭推进技术、轨道控制技术、通信技术都比较成熟，但在如何把人类顺利送上月球并安全返回这个问题上，其还没有任何成功案例和经验可供参考。当时技术工程师们结合长期的工作经验和严谨的科学理论知识创造性地提出了五种可能的技术解决方案。

方案1：用足够大的三节火箭将大约有十五万磅重的太空船送上太空并使其飞向月球。当它飞近月球时，太空船会进入环绕月球的一条轨道，然后使太空船在月球表面软着陆。待勘探月球的任务完成后，太空船从月球返回地球。

方案2：用较小的火箭将太空船和组件分批运往地球轨道进行汇集，然后在地球轨道上装配起来再进一步实施登月。

方案3：设计出一个"加油飞机"，搭载部分燃料和补给提前送往地球轨道，然后将登月太空船也送上地球轨道，登月船利用"加油飞机"作为"轨道加油站"，在注满火箭燃料后与"加油飞机"分离再直接飞往月球。

方案4：将部分燃料和补给事先送往月球表面并集合，当载人飞船到达时月球时，使两者在月球表面会合，宇航员依靠这些燃料返回地球。

方案5：用发射火箭将太空船运往月球轨道，然后从太空船中发射小型登月艇实施登月。登月结束后，宇航员乘坐登月舱返回太空船，然后丢弃登月艇以节约燃料，开动太空船返回地球。

（4）系统分析。系统分析就是从每个可能方案中推演出各种结果，并将这些结果与系统目标进行比较，看它们在什么程度上实现这些目标，同时横向比较各方案的结果，为下阶段选择最优方案打下基础。在本案例中，系统工程师分别从技术因素、工作进展、成本费用和研制难度等维度对上述五个方案进行比较。

在技术维度上，从性能、制导精度、通信跟踪方面进行比较，其中方案2、方案3、方案4最差，方案5在性能和飞行成功率上与方案1相等，但在通信跟踪等方面不如方案1。

在研制的难易程度上，方案2、方案3、方案4不仅要研制大推力"土星五号"火箭，还要研制贮箱系统、液氢液氧传输系统、大型登月舱，以及解决太空船与无人飞行器对接等复杂技术问题。方案1要研制大型运载火箭，耗时较长，大型发射台的建造比较复杂。方案5相对简单，除了研发"土星五号"火箭，只需研究载人飞船、登月舱和在月球轨道上的对接技术，它是五个方案中最易行的一个。

在工作进度和成本控制方面，方案1所需经费远远超过国会200亿经费拨款，方案2、方案3、方案4也比较贵，而方案5所需经费要比其他方案低10%以上，工作进度比前面几个方案提前几个月完成。

（5）选择最优系统。在选择最优系统时，当系统评价目标单一且备选方案个数不多时，人们很容易从中确定最优者；然而当备选方案很多、评价目标有多个而且彼此相互牵制时，研究者就必须在各个指标间进行协调，采用多目标最优化的方法来选出最优系统，即使用统一的计量单位（如美元）来比较这些系统以求得最优者。在本案例中通过综合全面的比较分析，方案5最能确保项目在最短时间内，最经济和最可靠地完成既定的目标。

（6）实施方案。登月项目的实施分别从勘测登陆地点、研发火箭和载人试验飞行三方面着手推进，在勘测月球表面登陆环境方面实施了以下活动。①"徘徊者号"探测器计划（1961～1965年）：先后发射了9个探测器，传回了1.8万张不同轨道拍摄的月面图片，以确定飞船着陆的可行性。②"勘测者号"探测器计划（1966～1968年）：先后发射了5个自动探测器在月球表面软着陆，发回8.6万张月面图片，同时探测了月球土壤的特性数据。③月球轨道环行器计划（1966～1967年）：先后发射3个绕月飞行的探测器，对40多个预选着陆区拍摄高分辨率照片，据此选出约10个预计的登月点。

在研制大推力运载火箭方面做了以下活动：①研制"土星1号"和"土星1B"号，用以获取大型运载火箭的研制经验并进行"阿波罗号"飞船的飞行试验。②研制"土星5号"巨型3级运载火箭作为飞船登月的运载工具。

在载人试验飞行方面做了以下活动。① 1966～1968年，进行了6次不载人飞行试验，在近地轨道上鉴定飞船的指挥舱、服务舱和登月舱，考验登月舱的动力装置。② 1968～1969年，发射了"阿波罗7号""阿波罗8号""阿波罗9号"飞船，进行载人飞行试验。主要做环绕地球、月球飞行和登月舱脱离环月轨道的降落模拟试验、轨道机动飞行和模拟会合、登月舱与指挥舱的模拟分离和对接。按登月所需时间进行了持续11天的飞行，检验飞船的可靠性。③ 1969年5月18日发射的"阿波罗10号"飞船进行了登月全过程的演练飞行，绕月飞行31圈，两名宇航员乘登月舱下降到离月面15.2公里的高度进行演练。

1969年7月16日，"阿波罗11号"飞船从美国肯尼迪角缓缓升空。7月20日，宇航员N.A.阿姆斯特朗和E.E.奥尔德林进入登月舱，驾驶登月舱与母船分离，下降至月面实现软着陆。随着阿姆斯特朗踏上月球表面，人类首次实现踏上月球的伟大创举。

回顾阿波罗登月计划，人类完成了一项看似不可能的伟大任务，这要归功于系统工程方法，它从时间维度、空间维度、逻辑维度、技术维度有机地把人、财、物、技术等资源实现跨部门的协作，最终使系统的整体功能目标得以优化实现。

2.3 兰德公司的系统分析

与系统工程同一时期发展起来的系统分析的思想方法起源于美国兰德公司，这家公司是 1946 年美国道格拉斯的飞机制造公司与美国军方合作的产物，公司运营的目的就是给军方提供军事装备和技术支持方面的建议，这些建议涉及如何把军事装备技术与战争期间军队的协同作战能力结合起来的策略研究。后来这家公司从与军方的合作中脱离出来，成为一家非营利的、从事提供资源分配策略的专业研究公司。

兰德公司工程师爱德·帕克森于 1947 年提出"系统分析"这个概念，他指出，运筹研究是对现有系统进行研究，寻求更为有效的方式去完成具体的任务；系统分析则涉及更为复杂的问题，研究者需要从多种尚未经过具体设计的系统之间进行选择，其自由度和不确定性非常大，难点在于决定要做什么以及怎么做。

20 世纪 50 年代初，兰德公司受美国空军委托，对洲际弹道导弹系统和喷气式战斗机项目展开研究。当时，在国防部预算缩减而新技术成本增加的情形下，他们遇到如何有效估算研发成本的难题。后来兰德公司学者们发明了一种新的研发成本估算系统，他们基于飞机长期生产成本的统计数据建立一套"经验曲线"和成本估算公式，可以通过待开发飞机的速度、航程、高度等变量估算出飞机的制造成本，让项目开发成本趋势一目了然。兰德公司开辟出的"成本—效益分析"的方法为美国政府和国防部在资源预算和分配方面提供决策支持服务。

在实践过程中，兰德公司发展出了一套与系统工程和运筹学极为相似的思想方法，希契把这种分析思想涉及的内容概括为以下五点：①确定一个或一组我们希望达到的目标。②识别为达到目标所需的一系列可供选择的技术或手段。③分析每个系统所需要的成本或资源。④构建一个或一组数学模型，该模型能够把目标、技术或手段、环境以及资源之间的相互依赖关系表达清楚。⑤选择与目标和成本或资源相关的最佳方案。

在兰德公司系统分析方法中，系统思想的应用体现在两方面：一方面是系统分析过程是有系统的，即按照一定逻辑顺序把目标、技术手段、资源、一组关系模型以及评价标准有机地组合在一起。例如，以这种方法作决策时，我们可以首先确定目标并根据目标确定选择方案的评估标准，其次利用技术手段和数学模型建立备选方案，再次对备选方案进行成本—效益分析并把时间和风险等因素考虑进去，最后根据评价标准选择较好的方案或者重新确定目标。另一方面是分析各种因素之间关系的完整性，在分析过程中需要全面完整地把各种主要因素考虑在内，包括财务、技术、政治、策略等因素以及这些因素之间的关系。由于系统分析结合了运筹学的知识，同时把经济学的知识融合在分析过程当中，这种思想方法在现代管理科学领域发挥了巨大的作用。霍尔曾指出系统分析发展了一种有用的哲学，它类似于系统工程第一阶段关于问题定义的活动。

在 20 世纪 60 年代，美国国防部长罗伯特·麦克纳马拉积极地运用系统分析方法于国防建设当中。他认为国防力量是一个整体，各军种武器装备研发项目都是这个整体的一部分，在考虑某一个项目的发展时，必须把这个项目放在整个大系统中进行评判。他在国防经济管理中从不零碎地作决定，而是根据整体需求来决定部分，分析部分是否符合整体的要求，考察表面看来互不相关却具有内在联系的各种因素。例如，审查空军战斗机研发项目时，必须考虑导弹、雷达配套情况以及多军种协同作战的能力；在确定海军核潜艇的建造计划时，必须联系空军的战略轰炸机和各种洲际导弹；在确定空运部队的发展规模时，需要考虑地面部队的规模和运输量等问题。通过对国防事业各个方面的系统分析，综合平衡各军种装备研发需要，从而提升军队整体作战的能力。

2.4 硬系统思想的关键特征

20世纪30年代发展起来的运筹学、系统工程和兰德系统分析构成了当代硬系统思想的主要内涵，本书把硬系统思想主要特征归纳为以下四点。

（1）在解决问题方式上，硬系统思想遵循以实现目标为导向的思维方式，即假设存在着目标状态 S_1 和一个当前状态 S_0。解决问题的方式就是定义好 S_0 和 S_1 并选择最佳的方式来减少 S_0 和 S_1 之间的差距。对于系统工程来说，（S_1-S_0）意味着减少差距实现目标，对于系统分析来说，（S_1-S_0）意味着对最佳方案的追求。这种以实现目标为导向的求解过程反映出工程技术领域工程师解决问题的一般思维方式：即在明确目标"是什么"的前提下，围绕着"如何做"展开一系列系统化的探索活动。

（2）采用了系统化的理性来解决问题。这种系统化的理性体现在把具有实在意义的系统化的概念引入系统工程和系统分析的解决问题的领域，使解决问题的过程都是"系统化的"。这种系统化表现在它们在解决问题的过程中注重部分之间、部分与整体之间的关系，尤其强调整体优先原则，在保证整体最优的前提下，通过协调部分之间的活动来实现一种具有良好秩序的、有逻辑地解决问题的过程。

（3）硬系统思想在哲学主张上遵循了实证主义，即把系统和系统目标看作客观实在之物，而非主观建构之物，人们在追求目标实现过程中，需要协调控制系统内部各种具体功能活动，使之实现整体优化的效果。

（4）硬系统思想在解决问题过程中遵循价值中立的原则。它在追求目标实现的道路上，关注的是实现目标的手段和效率问题，至于目标本身所涉及的价值观和世界观并不关注。换句话来说，就是在寻求目标实现过程中把那些所有可能与人的价值观和世界观有关的因素排除在外。

在20世纪50年代，硬系统思想在工程技术领域的巨大成功使这种思想快速地向组织管理决策领域转移。例如，美国兰德公司倡导的系统分析方法采用了与运筹学模型理论相结合的成本—效益分析方法，这种方法能够充分考虑现实组织面临的各种复杂的经济管理因素，从而帮助管理者制定有效的决策。在管理科学领域，西蒙开创了一门关于管理行为和开展决策的科学，对管理科学这个领域的发展做出了重要的贡献并产生了深远的影响。他建立和发展了"目标导向"的理论模型，他在 1960 年出版的《管理决策新科学》中提倡把硬系统思想应用于组织管理决策当中，他认为管理决策就是比较目标和现实状况之间的差距，搜索出各种解决问题的方法，并按它们达到目标的程度搜索出最优方案，达到系统功能最优化。据此，他将组织管理的决策方法的归纳为具有逻辑的四项活动：①寻求决策的条件（搜集情报）。②制订和分析可能采取的行动方案（设计解决方案）。③在诸行动方案中进行抉择（选择方案）。④对已进行的抉择进行评价（审查评估结果）。

在管理决策的思想当中，系统的目标就是要不断缩小系统运作表现与既定目标之间的差距。西蒙对这种解决问题的思想描述如下：

"问题解决过程包括了建立目标、检测系统目前情况与既定目标之间的差距、在记忆库中寻找相关的方法工具或过程来减少这些差距以及实施这些方法工具或过程。其中每一个问题都将分解产生相关的子问题，直到分解到我们可以在记忆库中找到与此相应的解决方案，按照这种逻辑方法，我们最终将能实现系统目标或者放弃系统目标。"

这个陈述清晰地表明，以实现目标为导向的硬系统思想已成为管理科学领域解决现实问题的基础。

第三章　硬系统思想的软化

3.1 硬系统思想面临的挑战

20 世纪 50 年代以来，硬系统思想在军事和工程技术领域的巨大成就使它迅速渗透到国民经济各个领域，同时使这种系统化的理性深深地影响现代组织管理决策的主要方式。然而，对这种以实现目标为导向、采用系统化理性优化实现目标的手段和效率的方法在应对现实世界由人参与的、复杂多变的问题情境时，遇到不小的困难与挑战，下面将举两个案例进行说明。

3.1.1 协和飞机制造项目

20 世纪 60 年代初，英法美等国相继发力研制中短程超音速民航客机。当时英法两国的设计方案和进度比较接近，但由于研发和制造费用相当庞大，独立承担研发的风险很高。1962 年，在法国总统戴高乐和英国首相麦克米伦的提议下，英法两国政府以国际条约的方式签订合作研发计划书，飞机机体研制由英国飞机公司和法国宇航公司共同进行，工程分配比例为 40% 和 60%。1967 年，第一架协和飞机在法国诞生，1976 年协和飞机开始投入商业飞行。该飞机能够在 1.5 万米的高空以 2.02 倍的音速巡航，从巴黎飞到纽约只需约 3 小时 20 分钟，比普通民航客机节省一半时间。后来由于制造成本高、起落噪声大、高耗油和安全性不稳定等原因，该机型在 2003 年全部退役。

在该项目的研发过程中，切克兰德作为一名系统工程师被英国航空公司邀请参与该研发项目。他在事后的反思中指出：该计划牵扯到政治经济的因素较复杂而且成本太高，存在许多看不见的不确定因素，这导致项目开展过程中许多企业退出该项目，尽管协和飞机最终于 1967 年完工，但制造成本比最初的预算高出了近 10 倍，这个数字大大超出了工程师们当初的设想，这些费用最终由英法两国共同分担。

切克兰德指出，这个项目给系统工程师们带来的启示和反思是深刻的。在这个项目中，他和同事们一直以系统工程师的身份来看待这个项目，他们当时的工作目标很明确，就是利用系统的概念来设计、优化和完成这个庞大的飞机制造项目，在他们头脑中主要关注的是这个系统目标是什么、它由哪些部分构成、如何实现系统目标等技术性问题。然而，这种占据主导地位的系统工程思维，使他们当时看不到项目工程以外的其他影响因素，事后证明，这些非技术性的因素是影响项目进度和成本控制的关键因素。

这种非技术的关键因素与当时欧洲民航市场竞争和英法两国政府之间的关系紧密相关。在 20 世纪 60 年代初，正当英法两国发力研究超音速民航客机之时，美国波音 707 客机开始进入欧洲并占据较大市场份额，作为欧共体核心成员的法国不希望看到未来的欧洲市场被美国飞机制造商垄断，因此，他们希望尽快研发一款新型民航客机与之抗衡。而与此同时，大西洋彼岸的英国也在研发类似的民航客机，同时英国政府也渴望通过加入欧洲共同体来振兴本国经济，在这样的政治经济背景下，法国总统戴高乐授意法国飞机制造部门积极与英国开展业务合作，这促使了 1962 年两国合作研发协和飞机计划书的签订。然而，这个合作计划并非一帆风顺。到了 1964 年，随着英国工党在大选中胜出，英国新任首相哈罗德·威尔逊在面对当时较高的财政赤字时，开始有了撤资、停止合作的意向，但是碍于已签订国际合作条约，还是硬着头皮把项目坚持做完，但是在此过程中很多供应商因考虑到投资风险问题纷纷退出该项目，这也导致该项目的最终成本大幅超出了预期。

这个案例清晰地表明，国家之间的这种政治和经济的复杂关系导致了协和飞机合作研发项目成了一件更加复杂的事情。作为参与者，切克兰德事后的回忆反思指出，该项目在某种程度上来说，是法国为对抗美国波音飞机进入欧洲市场的一个筹码，同时也是检验英国是否有诚意加入欧共体的试金石。这种国家之间的政治经济的合作和博弈关系，已远远超出了系统工程师们的价值观和世界观，这是传统系统工程师们无法驾驭的领域。

3.1.2 "挑战者号"航天飞机失事

美国宇航局在 20 世纪 80 年代继阿波罗计划之后，又开启了太空实验室和载人航天飞机计划，以增强人类在太空活动的能力。在 1986 年 1 月 28 日寒冷的早上，美国航天飞机"挑战者号"从肯尼迪航天中心拔地升空，在发射 72 秒后，正当人们欢呼雀跃的时候，航天飞机突然在 1.5 万米高空爆炸解体，成千上万的观众被这突如其来的场面惊呆了。几分钟以后，新闻广播传出一则不幸的消息：此次"挑战者号"发射失败，耗资 12 亿美元的航天飞机毁于一旦，机上 7 名航天员全部殉职。这次发射失败成了人类航天史上的一次重大灾难，究竟是什么原因导致这次灾难呢，这引起了业界的普遍关注。

根据事后调查分析，引起这起空难的直接原因是一个技术故障，即航天飞机的固态火箭推进器衔接处的一个 O 形密封圈，该密封圈捆在推进器衔接处，在常温状态下具有伸缩弹性，用于阻止热气从推进器溢出。然而，发射当天的低气温使 O 形密封圈发生硬化，导致密封效果失效，致使高达 5000 度的燃烧热气溢出，引爆了外部的液态氧燃料箱，最终导致整个航天飞机爆炸解体。然而，调查人员在审查回顾航天飞机发射前一天的背景信息时，还发现一些非技术性因素与这次灾难直接相关。

此次航天飞机的发射时间安排是个比较敏感的问题，飞机原定的发射时间因天气寒冷的原因已经一再推迟，这次航天飞机发射的时间选择在1986年1月28日早上，恰好这天晚上也是美国总统计划发表"国情咨文"电视演讲的时间。在发射前，作为主管部门的美国宇航局和发射中心技术部门一直承受着来自多方的压力（其中也包括来自政府的财政拨款缩减的压力）。然而，发射前一晚的气温骤降给发射带来了变数，当时发射中心主管部门收到了专业工程师提交的反对发射的技术警告：超低温天气可能导致航天飞机 O 形密封圈失效。这些技术主管官员们在闭门讨论近 5 个小时后，最终否定了技术工程师的建议，仍维持第二天一早发射的计划。

可见这个灾难的产生不仅是工程设计上的失败，还是组织管理决策上的失败，但我们必须承认一点，在管理决策方面，决策者面临的问题情境往往是复杂多变的，在这个例子中，影响决策的因素，不仅有来自技术方面的压力，还有来自政治、经济等方面的压力（航天飞机如果早日发射成功将会给总统演讲增加份量，以及从国会争取到更多经费拨款），后者往往是隐性的，但在关键时刻，却发挥着举足轻重的作用。

3.2 反思硬系统思想

在上述第一个例子中，切克兰德以亲身经历向我们表明，在工程技术领域，经典系统工程思想的巨大影响力往往使工程师们在开始阶段就不假思索地进入一个假定目标明确、组织结构良好的系统当中。在这个系统当中，各种专业技术人员可以充分发挥他们的技术专长，运用各种定量分析的技术手段缩小和既定目标的差距，并以最优化的方式实现目标。然而，这样做的代价也是明显的，就是忽视了许多非技术因素的存在（这个案例涉及国家之间政治和经济博弈的因素）。而在现实情境中，这些非技术性的因素往往与目标纠缠在一起。可见，那些目标和结构明确的问题仅仅是管理决策领域很小的一部分，大多数问题是目标和结构没有被详细考察和精确定义的"软"问题。

上述第二个例子通过反思"挑战者号"失事的背后原因，使我们清醒认识到这样一个事实：现代组织管理决策所考虑的因素已远远超出了传统工程师的"系统化的理性"。在该案例中，管理层所关注的政治和商业因素已超越了工程师所关注的技术因素。它揭示了在当代"管理科学"领域内，人们在应对复杂人类问题情境时所体现的不同的价值观和世界观。

上述两个例子是人类生活世界众多复杂管理问题中的一小部分，然而从这些案例中我们可看出，在应对复杂多变的现实世界中，单纯地采用硬系统思想去解决问题的方式是不恰当的，这种不恰当可归纳为两点。

一是在现实问题情境中，系统的目标往往是不明确的，问题的结构往往是模糊不清的，这构成一种复杂的"软"问题情境，而不是一个目标明确、结构清晰的"硬"问题。目标反映出系统内部不同利益相关者的价值观和世界观，目标本身总是受到一些与人相关的因素（如政治的、经济的、文化的）影响，并与这些因素纠缠在一起。

二是在这种目标和结构不明确的问题情境中，传统硬系统思想的"系统化的理性"无法有效解决涉及政治、经济、文化等以及与人相关的价值判断问题。传统技术领域，人们解决问题的思路遵循的是事实判断的标准，即关注"是什么""如何做"的这些问题，而在有价值判断领域就需要人们进一步思考关于"为什么"的问题，即反思我们解决问题的前提假设和约束条件。对后者的思考将把我们引向一个与硬系统思想完全不同的认识论和方法论领域。

随着系统工程和系统分析在社会各领域的广泛应用，人们日益发现这种系统化的理性并不是一剂万能药。在管理科学领域，传统的运筹学解决问题的思想方法因其强调理想化的系统模型和对反复出现的特定问题情境的依赖性，使其丧失了处理现实世界各种特定问题情境的能力。

20世纪60～70年代，西方学术领域逐渐涌现出一股"反技术思潮"。这种思潮认为技术理性在处理社会管理问题时，一定程度上剥夺了个人的价值判断功能，这种对科学技术的崇拜导致人性的泯灭，使人的价值理性服从于技术理性。美国社会学家默顿在埃勒尔1965年出版的《技术社会》一书中指出："不断扩张的和不可逆的技术统治延伸到了生活的所有领域，人类把文明托付给那些用以实现未经仔细思考的目标的手段……技术把手段变成了目的。"这种思潮同样也蔓延到了管理科学领域，运筹学领域的代表人物邱其曼在20世纪60年代考察了一项在美国加利福尼亚开展的解决公共政策问题的研究项目后敏锐地指出，在解决问题开始阶段，传统系统工程和系统分析所定义的目标明确和结构良好的系统，实际上是一个非常有限的系统，因为它忽视了更广泛存在的系统，包括那些有政治、经济影响的系统。人们在解决公共管理性事务过程中，仅仅采取硬系统思想这一种系统方法是不足够的。

3.2.1 反思"目标导向"的传统组织理论

在管理科学领域，西蒙的"管理决策理论"和邱其曼的"运筹学理论"成为指导这门科学的核心思想。西蒙的管理决策强调的是运用技术手段努力缩小目标和现状的差距来解决问题。运筹学作为一种技术手段强调了在实现某种目标的前提下，建立一个关于实现过程的定量模型，并通过优化该模型来解决现实世界的问题。这两种思想的共同点是假定问题情境中系统的目标和结构是明确的，并都采用"目标导向"的思路解决问题。在这种思想指导下，人们在寻求目标实现过程中往往排除了所有可能与人的价值观和世界观有关的因素。为此，我们需要从更宽广的层面来反思这种"目标导向"的思想来源。

这种"目标导向"的思想可追溯到社会学领域人们对组织概念的理

解。19 世纪的社会学家斐迪南·托尼斯在他的主要著作《共同体和社团》一书中较早地对组织理论进行了探讨，他把组织描述为两种模型：一种是人们在生活中自然形成的共同体，它是按照血缘、地域或信仰等关系形成的群体，如家庭、部落、村落和城镇等。在这种模型当中，"关系"是维持这种组织的主要纽带，而组织被看作一种维持关系的整体。另一种是正式建立的社团，这是一种以某种契约方式建立的特定群体，如由不同雇员构成的公司。在这种模型中，组织被看作一种整体，它以集体合作的方式来完成一件个体无法完成的事情，追求特定"目标"是维系这个组织存在的主要动力。事实上，上述两种组织模型一直并存于人类社会当中，但随着人类社会分工和经济的发展，后一种组织模型逐渐占据了社会主导地位，成为人们对组织的唯一理解。在这种思想范式下，追求"目标"实现逐渐变为一种常见的组织语言。

20 世纪发展起来的社会功能主义理论为这种"目标导向"的组织管理提供了丰富的学术土壤。在此之前，法国社会学家迪尔凯姆建立起来的基于实证主义的社会学研究传统倡导把社会事实当作事物来考虑，用社会结构来解释社会事实，通过实证主义研究手段从各类社会事实的共同外部特征及相互作用中揭示社会事实发生的主要原因。基于这种思想，20 世纪 70 年代，美国社会学家帕森斯开辟出功能结构主义的社会研究范式，功能结构主义学派认为，社会事实是由不同功能的个体单元所构成的整体系统，整体系统的目标和文化将制约和影响个体的行动。在现代分工合作的社会功能系统中，在组织奖惩机制作用下和特定组织文化熏陶下，个体原有的价值观逐渐被规范化，这种规范化的价值观将与功能系统的目标相适应。在这种认知范式下，对某种社会现象的解释要追溯到整体系统的功能目标，即通过研究个体单元在社会的相互联系的整体中实现什么功能、对社会整体的协调起到什么作用、满足了社会存在和发展什么样的需要等问题来解释社会现象。这是一种自上而下、从整体到局部的逻辑推导活动。可见，功能主义的研究范式将"目标导向"的组织理论推到了一种极致。

在 20 世纪 30 ～ 70 年代，这种把组织看作追求特定"目标"的功能整体的思想在融合了当时发展起来的系统理论的基础上得到了进一步加强。在组织行为研究领域，组织理论学者们把注意力更多地集中于组织结构与组织核心任务之间的关联上。卡登瓦拉在其编著的《组织的设计》一书中指出："为实现团体目标而存在的开放系统是当前最强有力的组织理论。"

然而这种正统的组织理论观点在 20 世纪 60 年代遭到其他观点的挑战。德国社会学家托马斯·卢克曼在《关于现实的社会构造》一书中指出，组织应被看作人类进程不断变化的产物，它是这个进程中产生的社会现实的一部分，而不应是正统观点（系统模型）所描述的那样，即把组织看作是由客观独立的成员构成的整体。西尔弗曼在《组织理论》一书中将 20 世纪 50 ～ 60 年代的系统观点与他所谓的"参考的行动框架"进行比较，他认为组织生活是一种赋予意义的过程，而意义作为社会事实，其发展变化应成为组织理论关注、研究的重点问题，而传统组织理论采用的系统模型应被取代掉。

西尔弗曼这种把组织生活看作是一种由人参与并赋予其意义的活动过程的思想可以从 19 世纪的社会学和历史学领域找到它的根源。19 世纪德国著名历史学家、哲学家狄尔泰曾深刻地指出人类生活具有时间结构，人类生活的每一刻承负着对于过去的觉醒和对于未来的参与。这样的时间结构以及包括经验、思想、情感、记忆和欲望的人类生活的内在结构，所有这些形成了生活的意义。狄尔泰认为在这种充满意义的时间结构当中，一个人的经验能够唤起自己的思想和情感，引起自己的行动，同时也能够影响他人的思想和情感，导致他人的行动。人类生活的历史就是这种相互作用的连续过程。由此可见，人类生活世界绝不像物质世界那样缺乏意义，相反，人类世界包含了丰富的意义，因此体验、表达和理解人类生活中的这些意义就构成了人类生活的主要内容。

根据上述分析，我们可以结合社会学领域对组织的理解以及在组织行为领域对组织理论的研究来反思组织管理者应扮演的角色。如果从社团的角度来理解组织，那么组织可被看作是一个在变化环境中实现共同目标的开放系统。这种开放系统的任务就是在功能主义的结构观下，把组织和目标细分成多个小组，管理者的角色就是为实现组织共同的目标做出适当的决策和判断。如果从共同体的角度来理解组织，那么组织将被看作是一种由关系编织成的集体生活，它作为一种过程存在于社会现实当中，而管理者的角色就是探明在这种过程中个体间活动的意义并努力维系这种关系。通过上述对"目标导向"的传统组织理论的追根溯源，我们可以清晰地看到，在人类世界中，人类组织除了有追求目标实现的活动，还有维护关系的活动。

3.2.2 基于关系维护的认识论

在上述这些与功能主义"目标导向"针锋相对的观点中，也不乏来自系统管理领域的一些真知灼见。切克兰德在他的多本著作中反复提到了一位对他学术生涯具有较大影响的人物，他就是经历过两次世界大战的英国早期的系统思想家杰弗里·维克斯。维克斯的一生富有传奇色彩，他早年曾参与过第一次世界大战并荣获英女王十字勋章，他在战后主要从事系统管理研究并被女王册封为男爵。在他退休的日子里，他把 40 年丰富的实践经验与系统管理相结合，提出了一些具有启发意义的理论观点。英国系统学会基于他在系统管理领域的杰出贡献，授予他该领域的第一枚金质奖章。维克斯的主要贡献在于他创建的评价系统理论，该理论向人们展现一幅社会现实动态发展的图景，它可以帮助系统实践者们深刻洞察出管理的真正意义。

维克斯在发展评价系统理论的过程中十分注重把他的理论与西蒙的"目标导向"管理决策思想进行区分，以此表明他反对硬系统思想的立场。这些思想倾向体现在以下两方面。

一方面，他认为在描述人类活动方面仅仅采用传统的"目标导向"范式是欠考虑的，需要引入"关系维护"范式来取代之。这样做的原因在于：在现实世界的政府管理、组织管理甚至是个人生活领域中还存在着另一种活动，这种活动的目的在于使组织的内部和外部动态变化的环境之间能够维持某种期望的关系。从这种"关系维护"的范式来看，传统的"目标导向"的组织活动存在于这种维持关系的活动当中，它仅仅是其中的一个特例。

另一方面，他认为在组织管理活动中，仅仅采用系统工程倡导的控制论范式是不够的，这是因为控制的主体是具有自我意识和不同价值取向的人类，这将导致对控制策略的多种不一致的意见，这需要控制者在不同意见中洞察和选择其中一个折中方案来实施行动。他认为这种洞察和选择的评价活动将对人类组织的行动产生关键性的影响。

基于这两点的思考，他认为需要建立一种旨在帮助人们思考如何维持、修改、规避这种关系的认识论，这就是他创建评价系统理论的初衷。切克兰德和卡萨把这个评价系统理论模型描绘为图 3-1 和图 3-2 的形式。

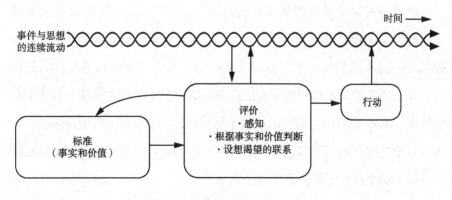

图 3-1　维克斯评价系统理论

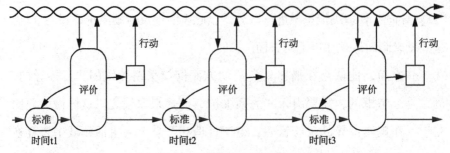

事件与思想随时间流逝而变化流动

行动　　　　　　行动　　　　　　行动

评价　　　　　　评价　　　　　　评价

标准　　　　　　标准　　　　　　标准

时间t1　　　　　时间t2　　　　　时间t3

当前系统的内容是该系统演变历史的产物

图 3-2　维克斯评价系统的动态发展

在这个评价系统的理论模型中，他把人类世界看作是人们的思想观念和人类参与的各种事件构成的两个相互作用的流程，这两个流程就像两条相互缠绕的绳子，彼此影响，共同缔造和延续了人类社会现实生活的洪流。在此社会现实洪流发展的过程当中，人类的自我意识产生了一种评价活动，他们能够从社会现实的洪流当中获得经验知识并形成自己的事实判断和价值判断的标准。根据这些标准，人类将选择和决定进一步参与生活中的各项事务活动，这些选择和决定将被输入社会现实的思想流程当中，随后产生的行为也将构成社会事件流程的新内容。随着时间的推移，人类的这种评价活动也将反复作用于社会现实的两个流程并构成社会进步与发展的历史进程。

维克斯的评价系统理论可概括为以下五点：①提出关于日常经验的丰富概念（比较舒茨的生活世界）。②提出一个关于事实判断与价值判断的划分，前者指是什么，后者指从人的角度来看什么是对的、什么是错的。③坚持采用关系维护的研究进路来探索关于人类行动的这个含义丰富的概念，而不采用当前流行的但又单调贫乏的"目标导向"的研究进路。④对行动的判断采用事实判断和价值判断。⑤上述活动构成了一个反复循环过程，这个过程可被构造成一个系统。

维克斯的评价理论为系统实践者们认识人类生活世界带来四个重要

032

的启示。

（1）在人类世界中，人类当前的思想和行为都是过往历史发展的产物。人类对现实世界的经验知识和评价标准是由那个时期人类的经验感知和社会事实决定的，因此不存在好与不好、重要与不重要、相关与不相关这类最终的评价标准。现实世界中人们的认知评价和参与实践是永无止境的，人们的价值观和世界观也在变化。可见，相对于这种旨在维持组织系统长期稳定的"关系维护"思想，硬系统思想所追求的"目标"在社会现实洪流中是短暂和渺小的。切克兰德对此评论道："维克斯的评价系统理论让我们明白改善问题情境本质上是一种对关系的管理，而传统的目标导向的解决思路只是其中一个特例。"

（2）在人类世界中，人类的评价活动（包括价值判断和事实判断）与由这种评价所引发的其他行动构成了一个循环的活动系统。切克兰德指出："评价系统的形式可保持不变，但这种形式所操作的内容在不断变化。一个评价系统是一个过程，在这种过程中其产生了具有特定文化背景的表现形式，这种具有特定文化背景的表现形式反过来又约束了过程自身的发展。然而这个系统在运作形式上不存在传统意义上的结束。这是因为这个系统的构成要素（关于事件和思想的流程）将产生行动，这种行动将进一步再造系统本身，因此这是一个永远不会结束的系统。"

（3）解决人类问题情境时仅仅采用"目标导向"硬方法是远远不够的，需要借助诠释理解的"软"方法。由（1）和（2）的分析可见人们评价活动的判断标准是因人而异、因时而变的，人们有目的的复杂行为形成了一种目标和结构都不明确的问题情境。因此，管理者需要努力认识这种由评价活动导致的人类活动的意义所在，只有理解人类活动的意义，才能有效维系组织系统内部人与人之间、部门与部门之间以及更大范围的组织与环境之间的和谐关系，从而确保这个系统能够稳定地发展下去。

（4）维克斯的这种评价活动以一个系统实践家的视野向我们展现了一幅人类生活世界的图景，他对评价活动的理解与 20 世纪社会学研究领域的马克思·韦伯的诠释主义理论有很大的相似之处。韦伯认为人类社会由许多活生生的个体组成，每个人都具有一种对世界进行表态的价值态度，在每个人眼中，这个世界的景象可能都是不同的。在人类世界中，人类依据某种价值观念与一定的实在发生关系形成了价值判断。因为有了价值判断所以有了狄尔泰所谓的生活意义（韦伯术语称作文化意义），由于每个人的价值观不尽相同，所以生活意义也是无限丰富的。因此要理解生活意义，研究者必须回到发生价值判断的主体和客体，也就是根据那个时段人们采取的价值态度和当时的外部实在的情境加以分析。它涉及人们拥有的价值观对所处的问题情境的作用关系。在这种关系中，人类的价值观或世界观具有独特性并且随时间变化，同时问题情境也是随时间变化的，从而造就了人们理解文化事件背后所具有的独特意义的复杂性。

3.3 硬系统思想软化的典例

20 世纪 60 年代以来，随着人们对硬系统思想的"系统化的理性"的批判意识日益增强，以及硬系统思想在处理复杂社会问题情境中遇到困境，昔日硬系统思想的倡导者们开始反思这种"系统化的理性"的局限性并在系统实践理论上做出有益的改进。典型例子有运筹学领域的代表人物阿科夫的"交互式计划"和邱其曼的"社会系统设计"。

3.3.1 阿科夫的"交互式计划"

作为 20 世纪 70 年代运筹学领域思想改革的主要倡导者，阿科夫认为传统的运筹学及系统工程、系统分析所追求的客观性是建立在价值中立的模型的基础上开展对实现目标的探讨，但在由人参与的社会系统领域，这种方法却面临困境，这是因为社会系统包含了丰富多样的价值活动。对此他指出："客观性不能通过单个研究者或决策者实现，它只能通过一组具有不同价值观的个体帮助实现。这种对客观性的追求是不能被单独的科学家实现的，但是能够被一个作为系统的科学实现。"

根据这种对社会系统的洞察，他认为运筹学解决问题的模式不应仅仅停留在数学建模的理论方案的探讨上，而应把视野和探讨的手段扩展到价值丰富的社会领域。在社会领域内，组织管理者面对的是一个具有不同价值观和多种行为模式的复杂问题情境，而在这种情境下，组织管理者需要通过学习、理解和协调来实现系统有序的发展。据此他发展了一个称为"交互式计划"的方法论来帮助组织管理者规划组织内部的目标、资源、控制手段以适应混乱的问题情境。

这个方法论主要建立在 3 个原则和 5 项活动的基础上。3 个原则包括：参与原则、连贯性原则和整体性原则。参与原则是基于社会系统是一个价值观丰富的系统这一前提的，它认为社会系统是一个价值观丰富的系统，所以组织管理者计划的每一个活动不能由某一个人说了算，而是要求所有的利益相关者共同参与计划活动。连贯性原则是基于组织的利益相关者的价值观在组织发展过程中是不断变化的这一事实的，它强调计划不是一成不变的，而是随着人们价值观的变化而不断演变的。整体性原则要求计划的制订需要充分考虑系统内部不同部门、不同层级之间的相互依赖性，即组织管理者在做计划时需要横向地协调不同部门之间的关系，同时也需要纵向地整合不同层级之间的关系。基于这 3 个原则，"交互式计划"分为 5 个活动：即分析混乱的问题情境、规划目标、规划方法手段、规划资源、设计实施和控制。

对于阿科夫的这种"交互式计划"，英国学者斯泰西评价道："他的观点代表了一种思想意识的转变，即从关注命令和控制转向关注团队合作和民主参与。"英国系统学学者杰克逊认为阿科夫思想的可贵之处在于他承认社会系统的价值丰富性并为解决这些由不同价值引起的复杂问题情境设计出一套理想化的方法论，这套方法论强调的是学习和适应。尽管在阿科夫的"交互式计划"思想中仍存在传统的"目标导向"的影子，但我们看到它已经在原来具有单一价值观的系统工程方法的基础上迈出了改良的步伐。

3.3.2 邱其曼的"社会系统设计"

邱其曼对传统硬系统思想的改进来源于他对系统思想以及对人们世界观的哲学反思。他的系统思想方法论及其哲学理念主要体现在他的"社会系统思想"中。他在《系统进路》一书中将他的"社会系统思想"观点总结为四点：①系统的方法进路在一开始就需要站在别人的角度来看待世界。②采用系统方法的进路来发现每种世界观的有限性。③在系统方法中不存在所谓的专家。④采用系统方法是个有益的想法。

在上述第一点中他认为不同人看待世界的方式不完全一样，康德先验哲学告诉我们每个人都有一种固有的认知范式，每个人的世界观都不完全一样。因此，系统整体论者需要充分考察系统中可能存在的各种观点，尽量获取关于不同意见的观点。基于第一点，他认为世界观使人们的行为不是随机的而是理性的，但是每个人看待世界的方式是不完善的，如果我们单纯以一种世界观来设计或干预社会系统，那么就会像硬系统思想那样陷入困境。然而改变一种根深蒂固的世界观是相当困难的，这就需要我们采用一种黑格尔的辩证哲学，在方法论上采用一种系统的方式做出一种较为客观的改善。据此，他把辩证的讨论引入系统设计当中，他把这个辩论的讨论过程有系统地分为三个步骤：第一步是建立论点，根据决策者的世界观提出一种关于这个社会系统的设计方案，充分理解这种观点的意义所在。第二步是构建相反的论点，发展和找出一种与第一步中的世界观对立的世界观，基于该世界观发展一套关于社会系统的设计方案。第三步是综合论点，即在两种不同世界观及设计方案的基础上进行评价活动，最终达到一种综合。在第三点中他考虑到在对不同世界观的设计方案的评价过程中存在这样的事实：即评价活动涉及非技术的价值判断活动，在关于道德伦理的问题上，任何人都不能认为自己是专家，因此他认为系统设计者需要虚心考察和理解不同观点，在学习当中找到合适的结合点。最后一点反映出邱其曼对系统思想运用形式的一种转变，即把系统化的理性用于建构一个辩证性的讨论过程，其目的是探询问题情境中不同的世界观并在其中实现一种协调。

对于邱其曼的"社会系统设计"思想，英国学者迈克尔·杰克逊指出："邱其曼为我们在系统方法领域对客观性的理解带来了一种转变。在把组织看作是系统的、僵硬的和控制的传统中，客观性存在于我们所关注的系统模型的有效性和精确性当中……对于邱其曼来说，系统不论是否发挥作用，它都存在于观察者的头脑当中，而不是只存在于现实世界中。一个模型只能表现我们对系统所察觉到的某一方面的特征，因此客观性只能存在于许多不同观点的公开讨论当中。"杰克逊同时也提出了该方法存在的不足："社会系统"同样存在一些难以解决的问题，这种方法论虽然强调了不同世界观的协同，但是它忽视了人们的世界观不易改变的事实，在实际问题情境中，人们的世界观总是与其他一些社会事实紧密相连的，如文化、信仰、政治地位等，除非我们能够改变这些社会事实。

从阿科夫和邱其曼对传统硬系统思想进行改造的工作来看，他们都认为人类生活的世界充满意义丰富的价值活动，传统的单一价值观或世界观的硬系统思想已不能有效应对复杂的问题情境，人们需要采取一种更加开放和民主的方式来认识和协调这些价值观和世界观的差异。在追求方法论的"客观性"上，他们都提倡"参与的原则"和"公开的讨论"。在系统方法论上，邱其曼从康德和黑格尔那里找到了哲学对系统方法论的支持，他对系统化理性的运用形式实现了一种进化，即从单纯地追求目标实现，转换为对多元世界观的识别、理解和协调。

3.4 行动研究——探索人类问题情境的另一研究进路

20世纪60年代，当硬系统思想在实践领域遭到前所未有的挑战的时候，人们也开始反思和寻求一种新的系统进路，以应对由人参与的、目标和结构都不明确的问题情境。20世纪60年代中期，当具有丰富系统实践经验的英国工程师詹金斯加入兰卡斯特大学时，他很快发现学校与现实社会缺乏联系，在他的倡导下，该校创办了英国第一个系统工程研究生部。在随后的教学中，该部门与英国最大的化学公司ICI建立项目合作计划。詹金斯希望通过项目合作来培养学生的系统实践能力，同时也帮助ICI公司解决跨部门业务协作上的困难。在教学与实践过程中，詹金斯认为在系统工程实践中仅仅依赖概念分析是不够的，因为概念通常是不足以触发行动，而所有项目的目标都是要促使行动产生的，然而促使现实情境中某些事情的发生是一个复杂而微妙的过程。在此背景下，他把当时在ICI公司工作的工程师切克兰德聘入大学研究团队并开展了一项长期的"行动研究"计划。在兰卡斯特大学进行的"行动研究"计划目的在于两点：一是开辟出一条不同于"目标导向"系统的实践进路来探询问题情境；二是通过长期的实践来积累用于改善问题情境的系统方法论经验。切克兰德在他的一些主要著作中指出，在兰卡斯特大学开展"行动研究"的成果是他此后创建软系统方法论的主要思想源泉。

"行动研究"的概念来源于行为科学领域，它是人们开展社会科学研究的一种方法，美籍社会学家库尔特·卢因是这类研究方法最早的倡导者，他认为现实世界中，我们看到的人们的行为都是大量因素共同作用的结果，因此研究人类行为不能像传统自然科学研究那样把它放在实验室中孤立地研究，而是研究者以参与者的身份介入其间来考察人类活动。福斯特对于这种研究方法给出了一个正式的定义："这是一种与其他社会研究方法不同的应用研究，研究者带着研究目的以参与者的身份直接参与到行动过程中，尽管他具有两种不同的角色，但它们都将随着系统的变化而变化。这项研究的目的在于帮助人们在一个相互可以接受的伦理框架内建立协作，为问题情境中人们关心的问题和社会科学做出贡献。"

切克兰德十分重视这种"行动研究"，并对此做了详细的评论。他认为人类在探索问题的过程中往往都离不开三个因素，它们是具有指导意义的思想框架、基于这种思想的方法论、关注的问题范围。这三者的关系反映在：人们在解决问题的实践中在某种思想指导下把一定的方法论应用于问题情境中，在探索问题情境过程中人们获取经验知识，这些经验知识将会指导我们进一步反思原来的思想框架、所采用方法论以及关注的问题范围，这种反思和学习会带来思维框架、方法论和关注的问题范围进一步的改进并指导人们进一步地探索问题。这种有组织的关系可由图 3-3 表述出来。

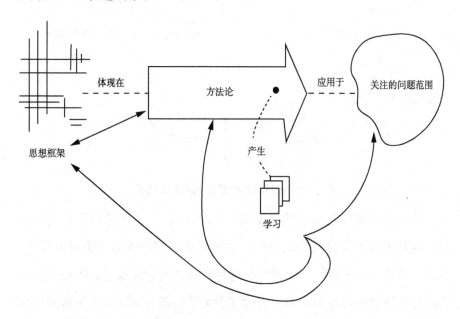

图 3-3　切克兰德开展研究所需的三个因素

切克兰德指出，人类科学自 17 世纪科学革命以来发展出了牛顿所倡导的把理性分析与经验检验相结合的研究范式，这种研究范式可表达为三个原则：可还原性、可重复性和反驳性。基于这三个原则，人类在自然科学领域的探索活动是一个遵循了波普尔知识进化公式的过程，即先提出假说，然后通过实验检验这些假说，当假说被证伪时提出新的假说，当假说没有被证伪时，这些未被证伪的假说可以作为一种暂时性的知识存在于我们的头脑中，直到它以后被再次证伪。切克兰德把人类对自然科学领域问题的探索过程描绘成图 3-4 的形式。在这种过程中，检验假说是一种有组织地获取知识的方法论，其中检验的可重复性成为自然科学领域获取客观知识的主要手段。

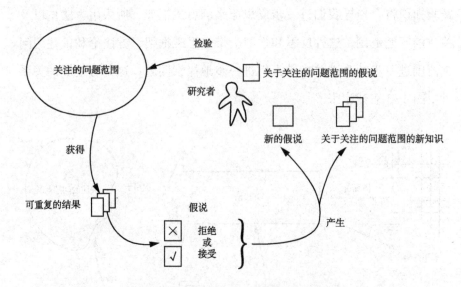

图 3-4　自然科学检验假说的方法演示

然而自然科学这种获取知识的方式在社会科学领域面临很大的问题，这是因为人类具有自我意识。这种自我意识表现为人类具有反思、学习、预见以及选择行动的能力，这种特殊的能力造就了人类与其自身之外的环境之间具有相互作用、相互影响的特征。例如，作为组织的管理者，当他把组织看作研究对象时，他们的预见和决定会改变组织的现状，但组织的新特征会影响管理者的下一步的决策判断，这是一个没有尽头的相互影响的过程。维克斯在发展评价系统理论时曾指出，在自然科学研究的范式里，研究对象总是不受我们理论的影响而客观地存在于世界当中。例如，无论是哥白尼的日心说，还是托勒密的地心说，都不能改变对象客观存在的结构。在人类世界中，人们的思想和言行往往是依据某种价值态度而展开的，人类基于事实判断和价值判断的评价活动导致了丰富多彩的生活意义并形成了不断演进的现实生活洪流。由此可见，传统自然科学的证伪主义的研究进路在探索人类世界由丰富的意义构成的问题情境时不可避免地遇到困境。

若以行动研究的方法开展研究，那么需要对图 3-4 中的研究方法做出一系列的改进，研究者需要从观察者转变为参与者，研究活动需从外部观察转变为参与问题情境，研究对象由假说转变为研究主题，研究过程由判决性的证伪活动转变为循环的反思和学习。其中，研究主题反映出研究者对研究的特定兴趣和价值态度。图 3-5 描述了一种行动研究的过程。

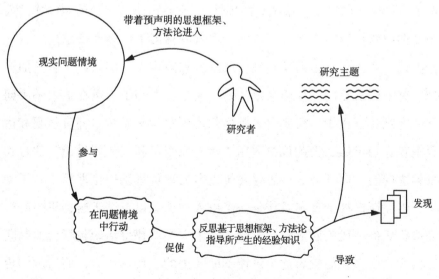

图 3-5 行动研究过程的示意图

切克兰德认为，在社会科学研究领域引入行动研究是对传统科学研究方法的一种有益补充，因为它充分考虑了思想框架、方法论、关注的问题范围和研究主题的变动性，强调了把研究者作为参与者来考察、学习现实问题情境。对此他还给予了一定的补充建议。他认为行动研究必须和漫无目的故事叙述形式区别开来，以此表明这种研究方法的科学性，因此，他强调行动研究需要在自然科学研究的强标准和流于故事叙述形式的弱标准中间找到合适的定位。为此他提出行动研究要遵循可复原性的原则，即对于开展的每一项行动研究，研究小组需要预先声明研究所采取的思想框架、方法论、关注的问题范围和主题，以便其他研究者据此开展同样的行动研究以验证结果的可靠性。

3.5 反思和实践的成果

根据上述从对一般系统论和硬系统思想的反思，我们看到随着系统运动的发展，系统思想的应用日益走向解决现实世界具体的人类事务。在解决由人类参与的、目标结构不明确的问题时，硬系统思想采取了"目标导向"和"系统化的理性"，它在解决多元价值观构成的人类复杂问题情境时必然遭遇困境。在这种情形下，硬系统思想领域开始出现了软化，在运筹学领域，邱其曼和阿科夫分别做出了有益的尝试。其中邱其曼的"社会系统计划"充分注意到了人类在追求解决问题的客观化过程中，需要引入黑格尔辩证哲学来思考多种价值观和世界观存在的可能，为此他提倡用"参与原则"和"公开讨论"的方式来解决问题。邱其曼这种思想在维克斯的评价系统理论那里得到了支持，维克斯把社会现实看作是一个由人类思想以及基于这种思想的行动所构成的一股不断演进的洪流。其中人类的评价活动包括价值判断和事实判断，它们成为这个洪流不断演进的主要驱动力，而这种评价标准也在社会洪流中不断发展变化。据此，维克斯认为系统实践应以

"关系维护"作为研究人类组织的主要手段，而"目标导向"的硬系统思想方法只是它的一个特例。20世纪70年代在兰卡斯特大学开展的行动研究进一步把维克斯的"关系维护"和邱其曼的"参与原则"和"公开讨论"推向解决现实问题的系统实践活动当中，尽管这项行动研究计划的初衷是期望在系统化的系统思想框架下采用系统工程的硬方法论寻求解决存在于现实世界中的管理问题，但在约二十年的研究中，切克兰德和他的同事们逐渐发展出一条强调系统整体观的软系统思想。同时，他在方法论上建立了旨在通过反复学习、理解来探询问题情境中各种有意义的世界观及其表现形式的软系统方法论，该方法论能够帮助系统实践者在问题情境中识别和理解问题根源并做出符合系统需要和具有文化可行性的改进方案。

第四章 软系统思想

20世纪50～60年代，通过对运筹学、系统工程、系统分析以及管理科学的反思，人们开始意识到这些硬系统思想方法与17世纪以来由牛顿开辟的理性分析与经验检验的研究范式存在很多相似之处。本书认为它们实质上都遵循着"目标导向"的研究原则，在科学研究领域，它体现在科学家通过预先定义假说，再验证假说，来获取对客观存在的物质或现象的知识。在解决现实问题的系统实践领域，它体现在人们采用有组织的解决方法努力缩小现状 S_0 与目标 S_1 之间的差距。然而，这种有组织的方法在切克兰德眼里只是一种"系统化的理性"。这是因为这种理性采取价值中立的态度，它不能有效处理现实世界中由人参与的各种复杂问题情境，例如前一章中协和飞机项目和"挑战者号"案例。在反思的过程中，维克斯的评价系统理论和兰卡斯特大学开展的行动研究为处于困境中的系统实践者们带来启发，这预示着系统思想领域一场新的范式变革悄然到来。

4.1 软系统思想的主要概念

20世纪60年代，当"系统化的理性"遭遇困境的时候，切克兰德开始转向关注维克斯的评价系统理论、邱其曼的社会设计理论以及行动研究等带来的积极意义。维克斯的评价系统理论展示了社会现实的洪流实质上是由主体间相互作用关系以及人类评价活动构成的，为此他倡导用"关系维护"来代替传统的"目标导向"的管理思想。运筹学家邱其曼的"社会系统计划"注意到人类社会存在的复杂问题往往是组织中存在的多种价值观和世界观相互作用的结果，为此他提倡"参与"和"公开讨论"的解决问题进路。在兰卡斯特开展的行动研究结果表明研究由人参与的问题情境必须把问题情境中的各种关系作为主要研究对象，从中发展出一套方法来学习、理解这些关系所带来的意义。一切迹象显示系统实践领域一种以"学习"和"关系维护"为主导的思想萌芽正在逐步成长壮大起来。

那么能够支撑这种解决问题新范式的思想基础和哲学主张是什么呢？为此，切克兰德重新思考了 20 世纪 50 ～ 60 年代应用系统思想所赖以建立系统概念和系统思想的基础，他敏锐指出："不可否认，运筹学、系统工程以及系统分析实际上都遵循了一种系统化的思想，它是理性的、有组织的和按照计划执行的指导原则。然而在系统的概念中还存在另一种系统性，这是运筹学、系统工程以及系统分析等领域所忽视的性质，如果它们关注这个属性，那么也许就可以找到应对'危机'的出路了。这种系统性来源于 19 世纪下半叶生物医学领域……关于系统性的系统思想出现在 20 世纪 40 年代末，这种思想随之拓展到其他领域，然而在强调系统化的硬方法领域，运筹学、系统工程以及系统分析都把这种思想忽视了。"

4.1.1 系统性

对系统性的理解需要追溯到 19 世纪末 20 世纪初生物学领域对生命现象有组织的复杂性的探讨。19 世纪末，德国生物学家杜里舒对胚细胞的分裂和生长做了一系列的实验研究并获得惊人的发现：在生命体进化过程中，胚胎细胞早期的复制分裂是对称的，但这种早期的对称分裂很快被非对称的分化生长所替代并形成了结构、形状、功能各异的组织器官。在一项实验中，他将处于分裂状态的海胆的卵细胞分开培养后发现，其不久后会形成两个完全正常的海胆幼体。在另一项实验中，他将一条蝾螈初胚体的未发育成形的尾巴切下来并移植到长腿的部位，结果这条未成形的尾巴在新位置上竟然长成了一条腿。这一研究结果引起了生物学领域的普遍关注，其他生物学家对此进行了重复性实验，结果发现了更加令人惊奇的现象：从尾巴部位切取的未发育成形的组织移植到腿部位置能生长为一条腿，但若是从尾巴部位切取的是已经发育成熟的组织再移植到腿部位置，最后生长结果是尾巴形态而非腿的形态。

上述这些实验结果促使科学家们开始思考这样的问题：如果生命体演化发展是遵循笛卡尔所倡导的机械还原主义，即把生命机体看作机器并分解为性质相同的基本单位（胚细胞），那么如何解释生命体中这些胚细胞的不同的分化结果呢？如果生命体中这种分化现象是由亚里士多德所谓的具有内在目的的"生命的原理"主导的，那么如何解释蝾螈初胚体同一组织移植到其他位置而分化生长为不同器官这一复杂现象呢？杜里舒本人认为以机械还原论为主导的科学的解释在这里是行不通的，为此他采取了亚里士多德的内在目的论，发展了基于"生命的原理"的活力论。他把生命体看作是一种生命活力驱动的、具有天生适应环境的和谐等势系统，以此来解释生命现象中有组织的进化现象。

然而这种活力论是一个非科学的概念，从17世纪发展起来的自然科学研究传统来看，活力论就是一种非科学实验观察到的、可证伪的东西。从奥卡姆剃刀原则来看，这种活力论与19世纪英国生物学家达尔文建立的变异遗传、适者生存、自然选择等生物进化观点相比，缺乏简单有效的对自然世界生命现象普遍性质的解释，就像中世纪托勒密"地心说"无法比拟哥白尼的"日心说"一样。从理论的预言能力来看，对于每一种生命演变现象，活力论仅能在事后试图以生命原理的一种行动来做解释，而不能根据其内在机制来预测演变趋势，因而它失去了预言能力。现代分子生物学的研究成果清晰地表明，胚胎发育过程取决于基因活动的调节控制和胚胎整体各部分之间的相互作用，这使活力论的解释地位在科学领域被彻底否定了。

19 世纪末 20 世纪初，在机械还原论和活力论对生命现象的论战中，同时涌现出另一股思潮，它既反对机械还原论的解释观点，又否定活力论的观点，这就是在生物学领域崛起的机体论。机体论最初是以一种反机械还原论的形式发展起来的。对此，机体论学派早期的代表人物之一，J.S. 霍尔丹指出："普通物理科学的观念在解释生命现象时是不充分的，必须代之以其他观念。"他认为有机体内的各部分是动态地相互联系和相互依赖的，每一部分都完全取决于它与构成整体的其他部分的相互作用关系。因此机械还原论的线性因果解释关系在解释生命现象时是不奏效的。他进一步指出："部分所做的一切以及它们存在的一切目的，都只是为了表现整体。假如我们说它们是由整体决定的，我们所使用的'受到决定的'一词的意义跟该词的普通意义迥然不同。因为，既然部分只有结合在整体中才成为其部分，那么它们受到决定这一点对它们来说完全不是外来的。"

由此可见，机体论认为有机体内部是相互联系、相互作用的，其中，整体先于部分存在并对部分施加一种决定作用，因此对有机体部分的活动或现象的解释需要从整体角度作进一步的考察。这种观点既是对生命现象有组织的复杂性的解释，又是机体论对机械还原论的有力反驳。美国社会学者 D.C. 菲利普把这种蕴含在机体论中的整体主义思想概括为以下五点：①物理、化学等科学的分析方法在应用于生物有机体、应用于社会，甚至应用于作为一个整体的实在时是不适当的。②整体（在内容上）大于部分之和。③整体决定其各组成部分的本质。④若将部分与整体分离而孤立地加以考虑，则不能理解这些部分。⑤各个部分在动态上是相互联系、相互依存的。

从理论建构的时间脉络来看，机体论可被看作系统论的前身，尽管采用术语不同，但其思想理念是相同的，本书后半部分更多采用系统论或整体论等术语来表达这种整体主义思想。对于这种整体论背后的哲学，菲利普认为它来源于黑格尔的内在联系学说。其中哲学家 F.H. 布拉德列在1893 年的《现象与实在》一书中将这种内在联系的学说作了进一步的阐释，他认为"在每一个场合，都必须存在一个把发生联系的各事物包含在内的整体"，在此条件下，实体的属性因某种联系而发生改变。例如，对于实体 A、B、C，当考虑实体 A 与 B 和 C 的某种联系时，则具有属性 P，当把实体 A、B、C 脱离这种联系而进行孤立研究时，则 A 所具的这种 P 属性就消失了。这就像我们研究人体的手臂的功能，当把它与人体相结合来研究时就会发现它具有抓、拿等协调动作的功能属性，但是当我们把它孤立于人体其他部分来考察时，我们却难以发现它具有什么特别的功能。可见，对于一个整体所表现出来的复杂现象，我们需要在考察组分之间以及整体与组分之间的相互作用关系的基础上，从整体的角度来做出合理的解释。

基于这种整体主义思想，美籍生物学家贝塔朗菲于 20 世纪 40 年代建立起一般系统论及系统的概念。他在 1968 年出版的《一般系统论：基础、发展和应用》中首次明确地把系统定义为"由相互作用的若干要素构成的整体"，其中这种相互作用指的是："若干要素（P）处于若干关系（R）中，每一个关系所触发的行为都是唯一的，其中一个要素 P 在 R 中的行为一定不同于它在另一个关系 R' 中的行为，如果要素 P 的行为在关系 R和关系 R' 中并无差异，那么就不存在相互作用，要素的行为就不依赖于R 和 R'。"在对这种整体特征的认识上，他指出作为系统的整体具有"累加特征"和"组合特征"两种特征。其中"累加特征"是指那些不论处于整体之内还是之外都具有一样的特征，它不受特定关系的影响，对此可以采取线性累加方式获得认识。"组合特征"是指依赖于整体内部特定关系的那些特征，特征与关系之间是非线性的。因此在对整体的认识上不仅需要知道构成整体的局部，还必须知道局部之间的关系以及局部与整体之间的关系。在对这种"组合特征"的认识上，他指出："'整体大于部分之和'，这句话多少有点神秘，其实它的含义不过就是整体的组合特征不能用局部要素的特征来解释。整体的特征相对于其要素来说是'新颖的'或'突现的'。如果我们知道了一个系统所包含的所有元素以及它们之间的各种关系，那么就能从这些元素的行为中推导出这个系统整体行为。"

从上述贝塔朗菲对系统概念的定义以及对系统"组合特征"的陈述，我们可以清晰地看到一种系统整体论立场的表述，这也是一般系统论为之奋斗的长远目标。切克兰德所提出的系统性就是一种对系统"组合特征"的探索，即系统行为特征反映在要素之间以及要素与整体之间的相互作用关系。对这种"组合特征"的探索需要我们从整体的角度对系统内外各种作用关系进行考察，从系统内组分之间、组分与整体系统之间以及整体系统与外部环境之间的相互作用关系中去全方位地把握系统这种"组合特征"。

4.1.2 系统思想的两组概念

对这种有组织的复杂性需要系统科学家从本体论、认识论和方法论上做出系统性的探索。切克兰德指出，20 世纪 40 年代发展起来的系统运动主要通过系统概念和一般系统论把其他领域开展的整体论研究联合起来。然而他指出一般系统论"是以牺牲内容来换取它的普遍性"。对于这种批评，本书在第一章中也曾指出一般系统论由于过分依赖数学同构模型以至于它远离实践。同时，在应对现实世界的问题上，一般系统论缺乏具有整体论意义的基本的语言、概念、方法论和哲学主张。因此，系统性的思想要想走向实践领域首先必须要有属于自己的基本概念和基本语言。

对贝塔朗菲一般系统论的反思促使切克兰德对 20 世纪 80 年代以前的

系统运动成果进行了总结，他在 1981 年编著的《系统思想，系统实践》一书中首次将系统思想归纳为两组概念：突现与层级、通信与控制。尽管这些概念在前两次系统运动中是众所周知的内容，但是能够把这些概念归类并有机地放置在一起是一个突破，因为这两组概念不仅代表了系统的核心思想，还在认识论和方法论上给系统实践者们提供了有益的指导。

（1）突现与层级。突现的概念最早于 1875 年由英国哲学家路易斯提出，它是对自然世界中的整体呈现出有组织的复杂性的一种解释，即一种整体所具有的、其组分所不具有的、并且不能够根据部分的行为加以预测的性质，这就是贝塔朗菲提到的"组合特征"。对于这种突现特征，早在古希腊时期，亚里士多德就以"整体大于部分之和"做出朴素概括。在近代对这种突现特征的研究成为 19 世纪末 20 世纪初生物学领域活力论、机械论和机体论讨论的焦点问题，讨论形成了系统运动的第一次浪潮并导致人们对突现与层级概念的关注。在这次浪潮中，突现作为一种既反对机械还原论又区别于活力论的整体论主张被建立起来。

对突现现象的解释进而引发了科学领域对层级概念的研究。切克兰德认为"有组织的复杂性的一般模型存在一个分层的等级体，每一层级都比它下一层级复杂，每一层级具有它的下一层级所不具有的突现特征。这种突现特征对于低层级的语言来说是毫无意义的。"对于突现与层级的认识，英国突现学派学者 C.D. 布劳德提出了一个重要观点：物质的分层具有不可还原的基本性质，物质是从低层次中突现出来的，因此"单层次的认识论和单层次的本体论都是不可能的"。布劳德的观点揭示出层级概念既是客观存在的，又是人类认识世界的必要手段，这种层级之间存在不可还原性。

关于层级这个问题，美国经济学家、管理学家、诺贝尔奖获得者西蒙在 1962 年运用广义进化论和概率论论证了"稳定的中间形式"存在的必然性。他在《复杂性的结构》一文中指出："在复杂系统演变进程中，具有稳定的中间形式的系统比不具有这种形式的系统快得多，这是因为前者的复杂形式是层级的……这种层级是在时间演变中形成的"。此后，他进一步将这种层级结构理论总结为系统层级原理："复杂自然现象是在层级中被组织起来的，其中每一个层级都是由若干个整合系统建构起来的。""自然界之所以在层级中被组织起来，那是因为对于任何系统，甚至是中度复杂的系统，层级结构提供了最可行的形式。"虽然西蒙与布劳德都承认层级结构的存在，但西蒙认为层级结构是可以还原分析的，因为存在一种"近分解性"。对于发现层级结构存在的意义，西蒙指出："层级理论为构造复杂系统理论开辟了一种研究进路。从经验上看，我们从自然界所观察到的大量的复杂系统呈现层级结构。从理论的角度看，我们可以认为世界上的复杂系统所具有的复杂性都是由简单性演化而来的。在它们的动力学中，层级具有'近分解性'特征，这种特征可以帮助这些复杂系统简化其行为。这种'近分解性'同时也帮助我们简化了对复杂系统的描述，使我们更容易理解系统发展演变的进程。在科学和工程中，对系统的研究已成为越来越受欢迎的活动，它之所以受欢迎，主要是因为它能够满足人们对复杂性进行综合和分析的迫切需要，这是其他任何一个理论和技术无法比拟的。如果这种受欢迎超越了一种时尚，那么我们有必要发明一些有用的思想理论并给它们起个名字。"

从整体论的角度看，层级理论是必要的并且与突现概念是相生相伴的，它可以解释突现的不可预测性和不可还原的特性。首先，层级的客观存在性使我们对不同层级施与了不同概念、语言和描述，这将导致层级之间的不可还原性。其次，系统的整体突现性体现在系统低层级的组分发生相互作用产生了低层级所不具有的特征，经过这种"自下而上"不断的突现整合形成了现实世界复杂的层级系统，这是一种上向因果关系。而层级的突现一旦形成，作为整体的系统反过来又会对它的低层级的组分产生一种"自上而下"的控制力和选择力，这是一种下向因果关系。总的来看，突现与层级概念的建立，在认识论和本体论上帮助人类摆脱对客观世界单层级的认知，使人类认识水平跃迁到新的层次。

（2）通信与控制。通信与控制的概念起源于 19 世纪 40～60 年代工程技术领域的信息论和控制论。这些理论为解释开放系统的有组织的层级结构以及对环境适应的进化功能提供了重要的支持，同时也推动系统运动进入了第二次浪潮。切克兰德指出："在任何开放系统的等级体中，维持等级需要一系列能够实现调节或控制的通信过程活动……开放式系统要想在变化的环境中存活下来，这个系统的等级体必须包含通信和控制这两样过程活动。"

在控制论领域，维纳和艾什比是早期的倡导者。维纳创建发展了负反馈控制理论，他认为一个负反馈控制系统是由期望的目标、感应器、比较器和效应器构成的一个闭合回路系统，其中感应器把受控对象的运作信息反馈传递给比较器，比较器把这个信息与期望目标比较后形成的偏差信息传递给效应器，效应器根据偏差信息进一步产生一个调整信息输入给受控对象，受控对象将再次把输出信息传递给感应器，经过这样的反复循环的调控过程，受控对象的输出信息最终将和期望目标信号保持一致。可见，这种反馈控制系统能够使受控对象保持一种期望的稳定状态。这种负反馈控制系统可描绘为图 4-1 的形式。

维纳的负反馈控制系统为人们认识世界带来了丰富的启发，当我们把图 4-1 的控制系统进行横向和纵向的扩展时，我们会发现一个多层级、多目标的负反馈控制的世界图景（图 4-2）：一个负反馈控制系统可能存在多个期望目标，同时这种负反馈系统也可能存在多个控制层级，一个控制系统的输出将会是另一个控制系统的输入。这种思维图景进一步在社会领域应用中扩展开来，我们就进入了一个功能主义社会图景，即一个多目标、多层级的负反馈系统，其中个体或子系统都要努力地为实现整体系统的目标做出贡献。

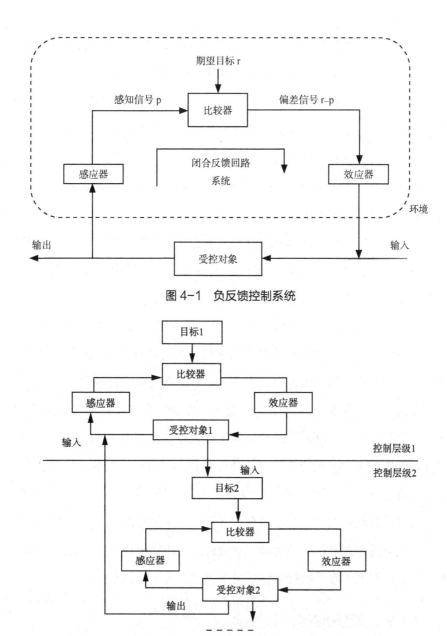

图 4-1　负反馈控制系统

图 4-2　多层级、多目标的负反馈控制系统

对控制与通信的关注导致与此紧密相关的信息理论成为人们关注的焦点。切克兰德指出："所有控制过程都依赖于通信，依赖于以指令形式出现的信息流动……信息的思想先于反馈的思想。"贝塔朗菲 1968 年出版的

《一般系统（基础、发展和应用）》一书中把控制与信息相结合用来探索、解释作为开放系统的生命体能够保持有序结构的生命现象，他指出：与封闭系统获得稳定性而走向无序状态的现象不同，开放系统之所以能够在与外部环境发生交换的同时又能保持其本身稳定和使其处于有序状态，是因为开放系统内部存在一个对组织结构具有反馈控制的模型，信息以负熵的形式进入系统，反馈系统通过对信息的"学习"，在反馈机制的作用下，使系统保持有序稳定的组织状态。

在信息和控制帮助开放系统应对复杂多变环境的重要性上，著名控制论学者艾什比提出了"必要的多样性定律"。该定律强调这样一种观点：即控制系统中存在的多样性越多，就越能抵偿外界的干扰。换句话说，就是控制系统对各种信息的获取越多，则其应对环境复杂多变的策略就越多。可见，这是一种通过增强自身的多样性来对抗环境的多样性的策略，多样性背后是信息资源的识别、传递、获取、交换和控制等活动。

在通信与控制的这组概念中，通信与控制反映出了一种目标实现过程，而信息则是这一过程中流动的具有意义的内容。切克兰德认为信息是系统运动中最有力量的概念，其重要性可以和物理学中的能量概念相比。他认为在通信工程领域，信息仅仅表示一种传输手段，但在现实生活领域，信息带给人们的却是它所承载的富有意义的内容以及隐藏在这些内容中关于人类精神世界的某种活动。对信息的关注就导致了后来切克兰德软系统方法论对人类有目的行为背后所蕴含"意义"的探索。

4.1.3 人类活动系统

当系统实践者们试图把系统整体思想运用于解决现实问题时，发现对现实世界进行系统分类是可行的办法。分类的好处在于能够帮助人们根据目标系统的特点找出相适应的解决方法。切克兰德在考察了鲍尔丁 1956 年所做的系统复杂性等级的划分工作以及乔丹在 1968 年对系统进行基于变化率、目的和关联性的分类工作后，从观察者的角度根据系统的目的特征把现实世界分为：自然系统、人工物理系统、人工抽象系统、人类活动系统 4 类。其中自然系统是可以自我进化的客观存在系统；人工系统是由人设计的、反映人的主观意志的系统；人类活动系统是由人参与和实施干预的有目的的活动系统。

人类活动系统一词是切克兰德引自工业工程领域的一个普通术语，但在切克兰德软系统思想中具有重大意义并发挥巨大的作用。英国系统学家迈克·杰克逊指出："切克兰德把对人类活动系统的描述看作软系统方法论发展过程中的一个最重要的突破。以前的系统思考者一直寻求为物质系统、人工系统，甚至社会系统建立模型，但是他们不能系统地对待有目的的人类活动。一个人类活动系统是人们为了追求某一特别目的而开展各种活动的一个整体模型。"

人类活动系统概念在切克兰德的系统思想中，具有两方面的重要意义和作用。

第一，对人类活动系统的界定和认识是切克兰德软系统思想和软系统方法论的逻辑起点。人类活动系统特有的"自我意识"对行为意义的理解成为切克兰德系统思想的核心组成。切克兰德指出人类活动系统概念的本质就是把意义赋予人类活动，这是因为人类活动系统具有"自我意识"。这种"自我意识"表现在人类具有反思、学习、预见以及选择行动的自由和能力。这种特殊的能力造就了人类活动系统具有与其他系统不同的复杂性，这种复杂性反映在人类交往互动过程中各种有目的意义的行为所构成的有组织的活动。例如，在维克斯的评价系统理论中，评价活动反映了人类有目的和有组织地开展的各种价值判断活动。因此，对这种包含丰富意义的价值判断活动，系统实践者们需要以某种方式去反复地诠释、理解和学习。可见，当系统实践者们建立人类活动系统，并真正意识到行为意义对解释人类活动复杂现象的特殊作用时，就意味着系统实践者们正逐步走进关于人文科学与社会科学的特殊领域，系统思想的应用由此就从科学主义迈向人文主义。

第二，人类活动系统概念在系统思想上所具有的上述特征，为系统方法论的改进带来了有益的思考。传统自然科学研究遵循的是机械还原分析思想，硬系统思想方法在系统实践中采用的还原分析方法在系统工程、运筹学领域取得了一定的成功，然而这种研究方式遵循了主客体分离的知识二元论，即观察主体和客体分离，观察者独立于观察对象之外对目标实施干预。在人类活动系统中，这种问题情境却有很大的不同，主要不同在于观察者存在双重身份：他既是系统的观察者又是被观察系统的成员。这个问题导致观察的主客体之间存在相互作用、相互依赖的关联性。因此在研究方法上需要采取与硬系统思想完全不同的进路。人类活动系统的这一启示也是切克兰德于 20 世纪 60 ~ 70 年代在兰卡斯特大学开展行为研究的主要原因，该研究带来的丰硕成果为软系统方法论的建立奠定了基础。

从以上两点意义可以看出人类活动系统的建立促使系统实践者把系统论研究的经验与社会科学的情境关联起来。对于这种关联，切克兰德在1981 年曾经评价："这一直是某种系统运动不愿意做的事情"，但如今来看，以切克兰德为代表的系统实践者们成功地做出了一个大胆的跨越。

4.1.4 整体子

整体子是切克兰德软系统思想的一个特殊用语，它用于表达具有层级特征的整体，它是软系统思想区别于硬系统思想的主要标志之一。切克兰德对整体子概念的采用来源于他对"系统"一词的反思。他指出"系统"这个词长期以来被看作是一个标签，用于描述存在于世界上的某一组成部分。由于"系统"一词能够相当成功地帮助人们描述客观世界，所以它已成为人们日常生活一个习惯用语。例如，我们经常用"教育系统""金融系统"等词来描述某个客观存在的部门或行业。然而，当我们用系统思想的突现与层级、通信与控制及适应性进化等概念来严谨地考察我们日常的这些描述时，就会发现这种频繁采用"系统"一词的日常描述其实是不恰当的，因为这些日常用语中的相当一部分不具备系统整体性思想的特征。因此，对于日常生活的描述，从严格意义上讲，不能以"系统"来命名，我们只能附加"类似"或"好像"等词语来描述，但这种描述的含义与"系统"一词真正代表的整体含义是有区别的。可见"系统"一词在日常用语中的滥用带来的学术危害是严重的。切克兰德尖锐地指出，造成这种误用的原因是系统论早期的创建者们没有对"系统"这一抽象概念的应用场景进行严格的定义。它带来的不良后果是"系统"一词在《一般系统论》等许多著作和场合中被当作一个用于描述现实世界某一部分的标签。

为了消除这种混淆，切克兰德经过多年的思考，于1988年正式引入了具有丰富内涵的整体子一词来代替贝塔朗菲的"系统"，他希望以此来表达有机整体这一抽象概念。对此他解释道："在贝塔朗菲所带来的语义学灾难的40年之后，我们终于可以开始清理由它带来的混淆。我们可以用整体子代替日常用语中'系统'一词来表达关于整体的抽象概念或者建立一个整体模型（模型可以用整体子描绘，无论它们是否真正如实地代表了现实世界的复杂性）。"

整体子概念是由凯斯特勒在研究西蒙关于系统具有"稳定中间形式"的层级原理基础上建立和发展起来的。整体子一词由希腊文"holos"（即"整体"）和一个后辍"on"（即"子"）构成。凯斯特勒建立整体子一词的初衷是借此来表示这样一种现象或系统：即一个由元素或组分构成的整体，但相对于更大的整体来说它又是其中的一个部分。切克兰德认为整体子作为一种具有整体意义的抽象概念，它不代表现实世界的存在之物，而是一种主观建构的概念整体，因此它可作为一种认识论工具被应用于系统思想领域，用于描绘和理解有组织的复杂性。如果把整体子概念广泛地应用到系统思想领域，那么系统思想原有的突现与层级、通信与控制等系统思想概念可融入整体子的概念结构当中，那将会对系统思想产生巨大的影响。这样，人们完全可以用整体子来表达和研究关于整体的概念和理论。采用整体子不仅能够有效克服日常用语"系统"带来的混淆，还能在方法论上为研究者开辟出探明问题情境复杂性的进路。

整体子概念的采用对切克兰德的软系统思想具有重要作用和意义。首先，它更换了系统概念的表述方式，明确提出用"整体子"代替"系统"，加强了系统思想学术表述的规范性。以往人们习惯把系统看作客观存在的世界的一部分，并用"系统"来直接描述我们观察的对象。然而，把现实世界的对象描述为一个系统和把一个系统模拟为现实世界的对象，这两者在意义上是完全不同的。整体子作为一种认识论工具，它的引入能够帮助研究者更好地模拟和考察现实世界对象，发现和理解现实世界的复杂性。所以，整体子概念的引入可以看作是系统运动史上关于系统思想的一次重要的跨越。

其次，整体子概念的引入有利于区分系统思想领域"软"和"硬"的差别。通常认为硬系统工程是解决目标明确的问题的，而软系统方法论是处理目标不明确、结构混乱的问题情境的。这种说法虽然正确，但没有真正说到点子上。它们之间根本的区别在于：硬系统思想把客观世界看作是由系统或整体子构成的，软系统思想则把探询问题的过程看作是一个整体子，问题情境本身也是一个有待探明的整体子。

最后，在方法论层面，整体子具备系统层级和突现特征，其自身既有某种程度的独立性，同时又受到高层次整体子和环境的某种控制与影响。因此在研究整体子的方法上需要考虑整体论和还原论的互补性并综合使用它们。任何对整体论或还原论进行极端运用的，都是不妥当的。总之，切克兰德用丰富内涵的整体子替代"系统"，其主要目的是希望用整体子来表述系统思想中有关复杂整体论的思想，同时在方法论上把整体子当作一种探询问题情境的认识论工具。

切克兰德认为人类活动系统具有的自我意识产生出人类有目的的活动

背后蕴含的意义丰富的世界观，这些基于不同世界观的目的活动构成了人类问题情境的复杂性，因此，问题的研究者需要采用某种特定方法去探明问题情境中不同活动背后的世界观和组织有效的讨论来安置这些不同的世界观。要识别和理解人类活动背后的世界观，就需要对问题情境中这些不同意义的活动建立可能的概念模型加以表述。这意味着这些模型并不是如实地描绘现实世界的行动，而是人们用来谈论和争辩现实世界行动所采用的模型，它们是一种认识论工具。这样就需要建构一个或多个有目的的整体子来表述问题情境中可能存在的具有不同意义的活动。这种有目的的整体子一旦建立就可以运用于一个系统的方法论当中，用于探询和改善现实问题情境，见图4-3。这种探询和改善问题情境的过程是一个有组织的和系统的过程，这个过程可被看作是另一个整体子。

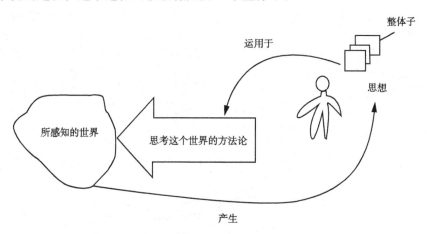

图4-3　用整体子来理解我们所感知的世界

4.1.5 学习系统

切克兰德认为人类对世界的认识方式不是先验的，而是来自人类参与实践的经验学习。然而这种经验学习的过程也非英国经验主义学家洛克所认为的那样，即不是对客观世界直接感觉的记录过程，而是把经验积累与理性分析相结合的过程。他用图4-4和图4-5分别描述这两种学习方式。

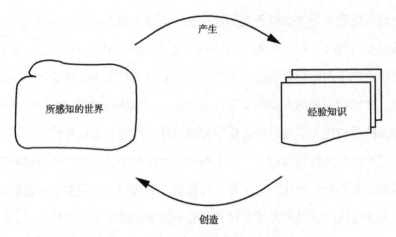

图4-4　对世界的理解来自世界本身

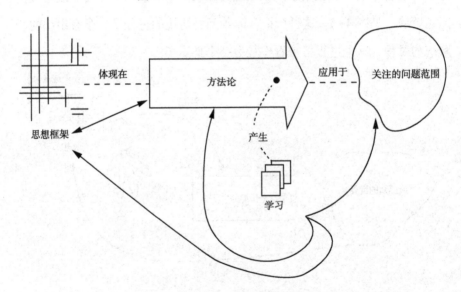

图4-5　切克兰德软系统方法论有组织的学习过程

从图4-4来看，经验知识的积累过程是直接对世界的感知过程，依据这种认识方式，人类对世界的认识直接来自世界本身，其中个体的感觉发挥了重要作用，因此这种经验知识是一种基于个人"心智的知识"或是一种"内省的知识"。

在图4-5中，切克兰德描绘了另一种认识世界的方式，之所以采用这种方式，是因为人类生活世界的复杂性，这种复杂性来自人类各种有目的的活动构成的问题情境，而这种有目的的活动则来自个体的"内省知识"，如指导个体参与现实活动的世界观。因此，要探询这种"内省知识"就需要借助有组织的和系统性的方法论。其中，整体子在方法论中的应用使研究者有机会对存在于问题情境中的各种可能的目的活动进行较全面地建模，建模的最终目的就是把这些代表目的行为的整体子模型与存在于现实世界的活动相比较来获取对现实世界的真正的认识。通过比较，理解各种不同的世界观之后，还需要以公开讨论来协调和安置问题情境中不同的诉求。

总体看来，人类生活世界充斥着大量的由"内省知识"主导的目的活动，因此，对人类生活世界的认识就需要采用特定的思想和方法论加以应对，这是一种理性分析的过程。切克兰德指出，人类系统具有"自我意识"，其中反思活动把这种理性分析的过程推向更高层次的学习。他认为学习是软系统思想的精神所在，人类对问题情境的认识是一个不断学习的过程，反思是一项最具价值的活动。在他的软系统方法论中，他把反思确立为一种"元层级"学习活动，反思不仅要对研究对象进行反思，还需要对人类思想活动过程本身进行反思，它包括了对方法论及建立方法论的思想框架进行反思。他在许多著作中都直言不讳地表明：软系统思想和软系统方法论是在实践中不断反思和学习的成果。

4.2 软系统思想的归纳

带着对硬系统思想的反思，切克兰德从 20 世纪 70 年代初在兰卡斯特大学开展行动研究，大约经历了 10 年的实践探索，终于在 1981 年出版了《系统思想，系统实践》一书，该书成了软系统思想方法论的开山之作。他在此后二十多年里，在实践反思中不断发展和丰富这种思想方法，这些思想的发展反映在他 20 世纪 80 年代以来出版发表的学术文献当中。如1990 年的《行动中的软系统方法论》、1998 年的《信息、系统、信息系统》、1999 年的《软系统方法论：30 年回顾》、2006 年的《行动学习》以及一些论文等。从这些著作中我们可看到几乎每隔十年，他的系统思想和方法论就会有一个新的飞跃并给我们带来新的启发。下面本书就从这些著作中来解析他的系统思想。1990 年编著的《行动中的软系统方法论》是软系统思想方法论成熟运用的成果总结，我们首先通过该著作来了解他的系统思想概貌，在该书中，他将系统思想归纳为七点：①系统思想十分注重关于整体的思想理念，这种整体的思想表现在整体具有的而个体没有的突现特征。②为了运用系统思想分析问题，我们需要构造一些抽象的整体（系统模型）来描述被观察的世界，这些系统模型可以帮助我们窥探现实的状况。③在系统思想领域存在两个互补的流派：硬系统思想把客观世界看作是系统，软系统思想把对问题情境的探询过程看作一个系统。④软系统方法论是一个探询问题情境的系统过程，在这个过程当中又采用了一些系统模型，软系统方法论内在的某些特殊环节上又包含了硬系统思想。⑤为了避免产生歧义，尽量避免把日常用语的"系统"当作专业术语来使用，采用整体子表达抽象的整体概念。⑥软系统方法论采用了一种特殊的整体子，即所谓的人类活动系统，这类整体子包含了突现与层级、通信与控制等系统思想。⑦存在着多种可能的整体子来帮助人们理解现实世界的目的行为，因此需要构建关于人类活动系统的多个可能的模型，并对此展开必要的讨论以帮助我们更好地理解现实世界。

根据切克兰德 1990 年的表述以及他在其他著作和论文中的相关观点，本书进一步把他的软系统思想归纳为以下三点。

（1）软系统思想是一种从整体视角思考世界的思想理念，这种整体性思想首先表现在整体具有的而个体没有的突现特征。切克兰德为了强调这种整体性，他特意采用了生物学领域对有机整体性进行描述的一个形容词"系统性的"来表示系统具有的有机整体特征，并以此来区别传统硬系统思想领域中的具有可分解的意义的"系统化的"描述。这种软系统思想中的"系统性"从贝塔朗菲的"一般系统论"来看，就是一种无法还原的"组合特征"。它表现在突现与层级、通信与控制两组系统概念当中。系统的整体性同时还表现在软系统方法论中，方法论在改善问题情境中是个有组织的探询问题和改进问题的过程，其中建模、比较、讨论等过程最终导致改善问题情境方案的突现，这不是传统证伪主义和机械还原分析通过反复观察对象和细分问题来实现的。

（2）软系统思想充分考虑现实世界中人类活动系统的有目的活动。在切克兰德的思想世界中，人类所具有的目的性活动构成了人类生活世界的复杂性。为此，他将人类生活的世界划分为四类系统，其中人类活动系统由于具有学习、反思、预见以及决定的能力，这种自我意识导致人类在实践中形成了某种独特的经验知识或"内省知识"，如人们的世界观。而这种"内省知识"又进一步指导人们参与各种各样有目的性的活动。这些有目的性的活动在人类组织中形成了一种有组织的复杂问题情境。解决这种有目的活动构成的问题情境需要研究者以参与的方式介入问题情境中来理解问题情境中各种目的活动背后的意义。

（3）软系统思想采用一种诠释理解的方法论来应对人类活动系统中有组织的复杂性。由于每种目的性活动的背后都反映了某种特定的世界观，因此需要通过建模的方法来挖掘现实问题情境中可能存在的世界观。建模本身不是对现实世界的描述，而是方法论使用者认识世界的手段，因此，模型是主观建构的产物。整体子概念的引入有效地满足了软系统思想中建模的需要，它能既充当一种认识论工具，又能弥补贝塔朗菲定义的"系统"一词在日常生活领域内被当作客观实体的缺陷。这种整体子模型一旦建立，就需要与现实世界存在的活动相比较，比较的目的是更好地理解存在的目的活动背后的意义或世界观，比较过程还需伴随必要的公开讨论，通过组织问题相关者参与讨论来理解各种不同的观点、诉求，并寻求一种改善问题情境的可行方案。

4.3 软系统思想与硬系统思想的比较

切克兰德指出，软系统思想是在对硬系统思想的反思的基础上通过长期的行动研究实践逐步发展形成的，软系统思想和硬系统思想分别代表了20世纪40年代到80年代应用系统思想的两种范式。在此，比较软和硬两种应用系统思想将有利于我们在整体上把握软系统思想的特征。本书根据20世纪80年代以来的切克兰德发表的相关著作和论文以及系统运动的发展演变来总结这两种系统思想之间的异同。根据这些文献，本书可进一步把软和硬两种系统思想的差别归纳为表4-1。

表4-1　软系统思想与硬系统思想的对比

对比项	硬系统思想	软系统思想
产生时间	第二次世界大战期间及20世纪50～60年代	20世纪80年代
代表方法论	系统工程、系统分析、运筹学	软系统方法论
目标	以实现目标的最优化为导向	以诠释和学习为导向，实现对问题情境合乎需要和文化可行的改善
对世界的假定	假定世界包含了系统，这些系统可以被设计构造	假定世界是有问题的，但可以通过系统模型来探索
模型的使用	假定系统模型是关于世界的模型（具有本体论意义）	假定系统模型是智力建构的产物（具有认识论意义）
对系统的理解	本体论意义的实体	认识论意义的整体子，是具备系统整体论思想的主观建构的抽象概念
研究方式	以旁观者身份观察问题	以参与者身份介入问题情境
哲学基础	实证主义	现象学
社会理论基础	功能主义	诠释主义
解决问题策略	以实现目标为导向	以关系维护和诠释理解为导向
系统思想体现	用于实现系统目标整体过程的最优化	全面理解问题情境并加以改善
常用术语	问题、最优化、目标导向、系统化的	问题情境、改善、整体子、探询、系统性

下面将重点从三个方面讨论两者的不同：一是看待世界的哲学态度不同；二是对系统概念的认识不同；三是采取的方法论策略不同。

第一，在对世界的认识上，硬系统思想采用了本体论意义的假设，它认为现实世界是预先被给予的，并具有"系统化的"特征，即由许多具有实体意义的系统构成的有机整体。切克兰德认为硬系统思想遵循了传统自然科学对世界的认识，即把系统看作是描述世界构成的抽象和静态的模型。人们通过研究这个模型来认识世界。然而这种思想应用在社会科学领域是行不通的，因为这些领域的研究对象是动态发展的，是抽象和静态的数学模型无法描述的。经济学和管理科学等领域表明研究的问题往往具有随时间变化的特征。其中，经济学家凯恩斯认为："经济学是用模型来对当前世界进行思考的科学以及选择这些模型的艺术。与自然科学不同的是，在大多数情况下，它的研究材料总是随时间而变化的。"据此，切克兰德认为软系统思想在对世界的认识上需要采取与硬系统思想截然不同的方式。首先，切克兰德认为 18 世纪以来的科学研究表明人类对客观世界的认识总是在不断发展变化的，从牛顿范式到爱因斯坦范式的转换表明任何人类宣称的知识都是一种临时性的知识，直到它们被证伪或出现更具有解释力的替代知识。据此，他认为系统思想是一种认识论，一种描述世界的特定方式，而不是对现实世界的真实描述。当用系统思想来考察世界时，我们不能说"观察到的世界就是一个系统"，而只能说"观察到的世界可以被描述为一个系统"。其次，软系统思想以人类活动系统中可能存在着的各种有目的活动所构成的复杂的问题情境为研究对象，研究目的就是要学习和理解这些目的行为背后的意义。然而，这些有目的行为的意义不是预先摆放在我们眼前的，它们涉及人类活动的一种"内省知识"，这需要研究者去不断建模和诠释理解，这是传统实证研究无法解决的。最后，传统经验的观察总是伴随着理性的知识，研究者往往带着某种假设来考察对象，这往往使观察现象偏离了其本来面目，因此在考察研究对象时，研究者需要尽可能地把假设排除。关于这点，可以从软系统方法论的现象学哲学主张中体现出来。根据这些考虑，切克兰德认为需要开辟一条理解世界的认识论进路，即一种以现象学的态度来看待世界的方式。他认为世界是有问题的，是由不同人类目的活动导致的目标不明确、无良好结构的问题情境。探索这些问题情境的过程是一个有机整体过程，它构成了一个学习系统。切克兰德指出，这种差别导致从硬到软的范式转换，即从把外在世界看作是"系统的"转换到把探询问题情境的过程看作是"系统的"。

第二，在对系统概念的运用上，硬系统思想往往以"系统化的"一词来表达，即表示一种有条理、有步骤的构造方式，它是具有本体论意义的描述语言。但这个偏向本体论意义的词语往往导致系统本身所蕴含的整体论思想的缺失，或者说限制了系统论应有的整体观的发挥。对此，切克兰德认为，这是硬系统思想对系统概念的误用和对系统思想的误解，为此，他强调采用"系统性的"一词，并在软系统思想框架内发展了"整体子"和"突现与层级""通信与控制"等系统概念来表达"系统"和系统思想本应具有的整体论思想。切克兰德根据 20 世纪 80 年代以前的系统思想理论与应用系统思想的发展联系描绘出了一张如图 4-6 所示的系统运动概貌图。根据该图，他指出："硬系统工程就这样受到控制理论和由通讯工程师建立的信息论的强烈影响……在整体上，兰德系统分析、运筹学和管理科学等领域并没有受到系统思想的理论性发展的影响，在观念上它一直是系统化的而不是系统性的。"

第三，在解决问题的方法论策略上，硬系统思想强调的是一种"目标导向"的系统化过程，即有序地实现目标活动。"目标导向"的问题解决思路实际上就是负反馈控制理论中感知信号趋向基准信号的控制过程。其中在这个"目标导向"的控制过程中，硬系统思想对世界认识和干预的思想与 18 世纪以来，自然科学所遵循的经验检验和理性分析的研究传统密

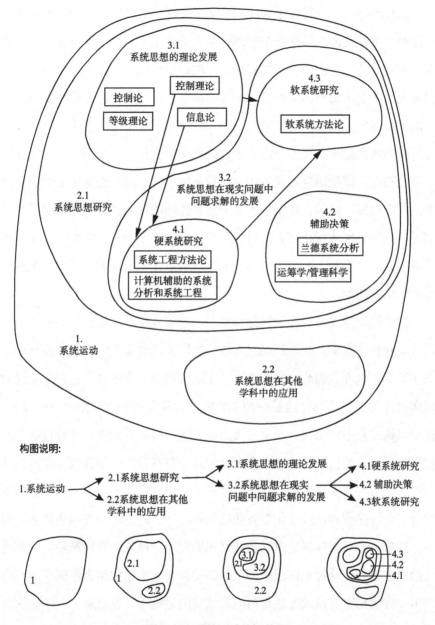

图 4-6　系统运动的概貌图

切相关。本书前面曾指出切克兰德把自然科学这种研究传统归纳为可还原性、可重复性和反驳性三个原则，这三个原则表明自然科学研究对象是遵循了本体论的假设，即所研究的现象或物是预先被给予的并存在于世界中。这种本体论的承诺在硬系统思想那里同样得到延续。此外，硬系统思想在西蒙的系统的层级理论和管理科学决策理论中，还潜藏着还原分析的思维模式，即对待现实世界的复杂性可根据层级的近分解性把复杂问题或目标细分为若干简单的问题或目标并加以研究，这种把复杂目标细分为若干的子目标并分别实现的方案在系统工程领域是经常见到的策略方法。可见，硬系统思想很大程度上沿袭了自然科学研究传统，采用了一种实证主义研究态度，即把研究对象看作是被预先给予的，通过经验感觉和还原分析来实现目标。然而，硬系统思想方法解决问题与自然科学研究又是有区别的，这种区别体现在硬系统思想发源于工程技术领域，它关注的是系统目标的最优化实现，而自然科学研究发源于对知识的探索过程，它关注的是知识增长问题。

软系统思想在应对人类问题情境时采用了与硬系统思想方法完全不同的策略和哲学态度。软系统思想方法论采用了现象学态度和诠释循环理论来探询现实世界，据此，它在方法论上强调构建一个系统性过程来实现对现实世界的学习理解，这是一种以整体论的观点来探询问题情境的过程。这个探询过程中的出发点是对人类活动系统的目的活动进行诠释理解，通过整体子对人类活动系统进行主观建模是一种有效的认知方式。建模目的就是将模型与现实情境进行比较，通过比较使研究者有机会去洞察和理解问题情境。建模和比较工作是方法论的核心环节，它是一种从主体意识到客体现象，再从客体现象返回主体意识的双向、反复的诠释循环。从方法论的角度来看，这种主体意识的反思活动促使方法论使用者不断反思问题情境、方法论本身以及方法论对问题情境的适应性。在反思学习中，探询问题情境的步伐得到不断向前迈进，其最终目标是获取问题情境真实、可靠的认识并寻求改善问题情境的可行方案。

第五章　软系统方法论的发展与实践应用

　　软系统方法论作为软系统思想对现实世界问题情境进行探询的核心手段，它是在长期开展的行动研究的实践中不断积累总结的成果。切克兰德认为方法论是一套关于方法的使用原则，它不是提出巧妙程序的方法而是关于这种程序运用的科学，其目的在于指导运用多种方法来应对丰富多样的现实问题情境。如果方法论降格为一种方法，那么它和系统工程、管理科学、运筹学等学科一样无法应对现实世界的多样性问题。为此，他认为系统方法论需体现出一种整体性思想，它不仅应在哲学层面告诉我们"做什么"，还应在技术层面告诉我们"怎么做"。据此，他指出一个采用系统思想概念的方法论应包含以下四个特征：①能够应用于实际问题情境。②能够比一般的哲学提供更为清晰的行动指南。③虽然它没有像技术手段那样精确，但是它能帮助我们洞察问题情境。④它能够吸收系统科学发展的所有成就并恰当地把它们应用于特定的问题情境中。

　　切克兰德在许多场合中都强调软系统方法论不是主观臆想的学术产物而是在长期的行动研究实践过程中不断学习反思的结果。从理论建构的历史维度来看，软系统方法论从 20 世纪 60 年代末在兰卡斯特大学开展行动研究计划至今大约经历了 50 多年，在这 50 多年的反思和实践中，软系统方法论理论结构得到不断补充和完善。这些思想演变反映在切克兰德的 5 本著作当中，从这些著作中可以看到几乎每隔 10 年软系统思想和方法论就有一个大的跨越。若要对软系统方法论有全面的理解，则需要从理论建构的历史维度对它的发展演变过程进行系统的梳理。下面将从软系统方法论的形成、发展和成熟三个阶段进行详细介绍。

5.1 软系统方法论的形成阶段

软系统方法论形成于 20 世纪 70 年代到 80 年代初，这个阶段的代表性理论著作为 1981 年的《系统思想，系统实践》。在这个阶段，切克兰德在反思硬系统思想的基础上，通过在兰卡斯特大学开展的行动研究计划探索出一套应对人类事务中无良好结构问题情境的软系统方法论。

20 世纪 60 年代末，切克兰德在工作中日益认识到现实世界中由人参与的问题情境的复杂性已超越了传统管理科学和系统工程所能应对的程度，这是因为这些基于"目标导向"的数学模型无法处理现实世界中由人类丰富多样的价值观、世界观等因素带来的复杂性问题。他发现这些糟糕的情况不仅发生在系统实践领域，也发生在系统工程的教学育人领域。1969 年，当他加入由詹金斯创建的兰卡斯特大学系统工程研究团队时，他就决心要把传统的系统工程改造成为能够应对现实世界人类复杂问题情境的一种新的系统方法论。在此后开展的长期行动研究计划中，他逐渐在原来的系统工程的方法上发展出一套软系统方法论。

1972 年，他通过行动研究计划的经验成果把系统工程应用改良为九项活动：①识别问题情境。②对现实问题情境进行分析。③定义一个或多个与问题相关的概念系统。④建立能够实现上述系统的概念模型。⑤将概念模型与现实问题情境进行比较。⑥定义可能的变革方案。⑦选择符合需求和可行的变革方案。⑧对被认可的变革方案进行详细设计。⑨实施被认可的变革方案。切克兰德当时把这种方法论形式称为系统工程方法论Ⅱ，并把它编入其执教的系统管理课程教材当中。

1975 年，切克兰德正式基于上述九项活动绘出如图 5-1 的"七个步骤"，这个图就是软系统方法论的概貌图。切克兰德将其一直保留到 1981 年《系统思想，系统实践》的正式出版。1975 ～ 1981 年，切克兰德对方法论中的各个步骤进行细化完善，同时从哲学和社会理论研究领域发展了该方法论的现象学主张和诠释主义基础。下面进一步对这"七个步骤"的软系统方法论作详细介绍。

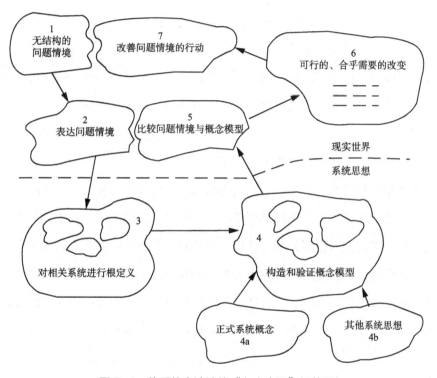

图 5-1　软系统方法论的"七个步骤"概貌图

　　对于软系统方法论的"七个步骤"的模型图，切克兰德指出，图中表示的七个步骤活动仅仅是对软系统方法论的一种逻辑描述，它们代表着方法论使用者应对问题情境的整体逻辑框架，但在实际运用过程中，这些活动并不是严格按照这种排序进行的，方法论最有效的使用者往往是根据实际需要错序地使用这些步骤。其中步骤 1、2、5、6、7 活动反映的是现实世界的活动，方法论使用者可用现实语言进行描述，步骤 3、4 活动反映的是系统思想领域的活动，方法论使用者须采用更高层次的和抽象的系统语言来描述和理解问题情境。

步骤 1 和步骤 2 的主要作用是对无结构问题情境的表达。在这两个步骤中，方法论使用者要充分考察问题情境可能存在的各种特征，以便为后续的建模工作提供依据。为此，方法论使用者需要克服先入为主的思维惯性，避免陷入某个特定的思维结构当中。方法论使用者可以采用中性的表达方式，如以结构或流程来梳理问题情境的主要特征。

步骤 3 是对相关系统进行根定义。这个步骤的主要任务就是确定什么样的系统最能代表问题情境的特征。在这里，根定义是一种从某一特定角度对一个人类活动系统的简要描述。它不是对现实世界的具体描述，而只是基于某种世界观或维特沙（德语）对问题情境的可能的抽象描述。世界观或维特沙的概念取材于德国哲学家狄尔泰的相关理论。他认为人类对世界的认识总是以某种共同类型的基本结构或形象反复出现的，他用维特沙一词来表述人类世界的某种类型结构。一个维特沙是由 3 个元素复合而成的整体，即人们对世界的认知描述、人们对生活的评价以及人们关于生活之道的理想。建立这样一个根定义的目的在于建立一个能够表达问题情境特征的相关的概念系统，以便使问题情境得以阐明和改善。因此，根定义具有假说的性质，目的是尽可能地扩大对现实世界的解释范围。当方法论使用者在后续阶段活动发现它并不能切实反映问题情境时，这个根定义可随时被修改或替换掉。

步骤 4 是构造和检验概念模型。研究者根据根定义的概念系统把问题情境中人类活动系统中有目的的活动以模型的形式描绘出来。该模型的建立需反映出人类的目的的活动，故需要采用输入—转换—输出等活动形式来建模，概念模型是一个能够满足根定义逻辑结构并由最少数量动词构成的有组织的活动集合。概念模型的构建可以分层级表达，在较多细节或内容丰富的活动项中，它还可以拓展为一个或多个子系统形式存在。概念模型一旦建立，就需要通过正式系统概念和其他系统思想来检验它的合理性。这种合理性体现在概念模型能否做到自圆其说。正式系统是一种在经验基础上建立的人类活动系统的一般模型，它的作用在于提供一种参考的作用，以便方法论使用者找出概念模型中存在的不足并予以完善；其他系统思想则提供了更广阔的视角来考察和完善概念模型的可能性。值得一提的是，步骤 3 和步骤 4 都是系统思想世界的活动，它们本身不是对具体现实世界的描述，也不意味着现实世界应该按照如此的方式运行，它们只是方法论使用者从自己的角度对现实世界的一种临时性的洞察或见解，这种见解在其他相关步骤活动开展中将会得到不断的明晰或修正。

步骤 5 是对问题情境和概念模型的比较活动。比较活动是软系统方法论的使用者及问题情境其他利益相关者洞察、理解问题情境的关键活动。切克兰德认为人类的认知世界所遵循的一般形式包括有：感知、预测、比较三种心智活动。在软系统方法论中，从步骤 1 到步骤 5 都是遵循了这样的活动形式。步骤 5 的比较活动就是将由方法论使用者主观构造的、具有"假说"性质的概念模型与对现实世界问题情境的真实感知进行比较。比较的目的就是洞察和理解现实问题情境中存在的不同的世界观，并对这些由世界观导致的行为差异或冲突进行可能变革的讨论。在比较过程中，概念模型仅是方法论使用者探询问题情境的工具，并不是对问题情境的一种最终的期望。因此，对于研究者来说，概念模型与现实世界之间越不吻合，就越能洞察出现实问题情境中的复杂性所在。在方法论运用过程中，感知、建模和比较过程往往是反复多次进行的，在比较过程中，研究者感知问题情境和建模活动将得到不断的调整，比较的最终结果将使问题情境日益清晰化，概念模型也被修改得越来越逼近现实问题情境，这为后续组织讨论和改善问题情境提供了素材和条件。

步骤 6 和步骤 7 是对问题情境实施可行的和合乎需要的改善。通过对问题情境进行讨论，会产生一系列改善措施。一般情况下，改善活动体现在结构、程序和态度三方面。结构改善指的是那些组织内部机构的调整。

程序改善指的是组织内部活动部分的调整，如业务流程。态度改善指的是组织内部人们做事的方式和价值判断的标准发生变化，这类似维克斯评价系统的价值判断标准，没有好坏之分，目的在于维持组织内部关系的稳定和谐。衡量改善有效的标准有两方面：一是改善必须合乎系统需要，这个合乎系统需要指的是满足通过讨论达成共识的系统的根定义和概念模型的逻辑需要。二是改善必须与问题情境中的文化相适应，即文化的可行性。

5.2 软系统方法论的发展阶段

20 世纪 80 年代是软系统方法论的发展完善阶段，该阶段的代表著作为 1990 年出版的《行动中的软系统方法论》。在这 10 年的研究实践中，软系统方法论在理论结构和运用规则上发生了很大的变化。这些变化主要体现在四个方面。

（1）切克兰德在系统实践中逐渐发现软系统方法论原有的七个步骤过于机械和形式化，以至于不能给予问题解决者更灵活的解决方案，故在 20 世纪 80 年代的系统实践中，这种模型逐渐被弱化，七个步骤所涉及的活动被安置到新的形式当中。

（2）切克兰德在系统实践中逐渐意识到人类的言行受制于他们所在的组织中的与政治文化相联系的历史背景，于是他在软系统方法论中补充了文化和政治的维度，形成了探询过程的双流模型。该模型最早在 1987 年国际一般系统研究会年度会议上提出并于次年正式发表。

（3）根据软系统方法论的使用对象和应用目的的不同，切克兰德把软系统方法论分为两种模式：模式 1 和模式 2。模式 1 沿袭了 1981 年"七个步骤"模型来使用软系统方法论，它以方法论为导向，强调了方法论步骤的使用。模式 2 以探询问题情境为导向，它强调了方法论的内化和灵活性。它把软系统方法论看作是以一种内化的指导原则来帮助方法论使用者探询问题情境。

（4）在系统实践中，为了突显出软系统方法论的特征，切克兰德于1990年制订了软系统方法论的构成规则，以便让参与者和局外者了解和识别研究计划的性质。除了上述4个主要变化，软系统方法论在一些技术细节上引入了一些新的手段。例如，在根定义环节引入"通过Y来完成X最终实现Z"的描述形式。在概念模型构建上引入了效力、效率和效果3个评价标准，概念模型被看作是一个由多个控制层级构成的有目的整体子。下面将具体介绍软系统方法论的这些变化。

5.2.1 方法论的双流模型

在探寻人类问题情境的过程中，软系统方法论的双流模型（图5-2）给出了两个分析进路：第一个进路是逻辑分析思路，即我们要通过什么逻辑步骤从问题情境的分析发展到改进问题情境的行动。这个思路实际上是沿袭了1981年的"七个步骤"方法论步骤，不过中间也增添一些新的内容，如引入整体子建模。第二个进路是关于文化的分析思路，这是自1988年以来软系统方法论理论新增加的重要内容。切克兰德认为软系统方法论应对人类事务是一个不断变化的过程，需要考虑问题情境当时所处的历史文化背景的重要作用，因为人们的价值判断标准总是与那个历史背景相适应的。他在《软系统方法论：三十年回顾》中这样解释："软系统方法论已经表现为不仅是一种分析的逻辑进路，还是一种文化上的和政治上的进路，这是非常有意义的一步。这些文化上的和政治上的进路能够帮助人们对相关的利益冲突做出包容判断，使利益相关的人们达成协议并能够采取行动。"

关于新增加的文化分析进路，我们可以从维克斯的评价理论中找到依据：人类世界的评价标准是丰富多样的，它不存在好和坏之分，其目的在于维持系统整体内外关系的稳定。从历史的维度来看，软系统方法论所应

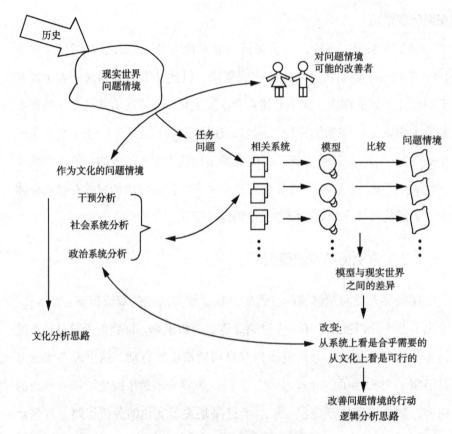

图 5-2 软系统方法论的双流模型

对的人类事务问题情境是特定历史背景的产物，在这样的问题情境中，人类的言行往往受制于他们所在的组织政治文化因素，每一个人都将依据他的文化信仰、政治见解来开展有目的的活动，这些具有独特背景的目的活动在人类交往社会活动中不可避免地产生摩擦、冲突和合作并形成复杂的问题情境。为此，软系统方法论的运用者必须返回文化和政治的历史背景因素中来探询这些目的活动背后的丰富意义。与此对照，硬系统工程的失误往往就在于他们忽视了特定历史背景下对文化和政治的思考，从而丧失了对人类活动系统丰富多样性了解的机会，例如，在协和飞机制造项目中，系统工程师只关注项目本身，而忽略了项目之外国家之间的政治、经济博弈关系。由此可见，对历史文化背景的分析对处理人类事务起到关键的作用。在软系统方法论运用过程中，文化流分析和逻辑流分析是互补的关系，例如，在逻辑分析流程中的建模、讨论和变革等活动中需要引入文化分析来探询问题情境可能存在的目的活动以及对问题情境实施改变的文化可行性。

（1）逻辑分析的探询流程：基于逻辑分析探询问题情境的过程包含了五个主要活动。

活动一：选择相关系统。这个活动类似于其"七个步骤"中步骤3的根定义的前期工作。目的是用系统的语言来描述问题情境中可能存在的系统状态或过程。在这个阶段，方法论使用者可用两种方式来选择相关系统，一种是根据系统的任务目标来确定相关系统，这是一种具有"目标导向"的相关系统，这样的相关系统称为"主要任务系统"。另一种是根据问题情境中的不同观点来确定的相关系统，这是关注人的精神活动的相关系统，称为"基于问题的相关系统"。

活动二：命名相关系统。这个活动包括了用CATWOE的元素集来定义一个世界观被付诸实现的简要描述。这样的简要描述可用XYZ的形式表述，即"通过Y来完成X，最终实现Z"。其中Y代表一种转换过程或实现手段，Z代表终极目标，即世界观或维特沙。一个根定义应该包含由6个元素构成的元素集，这6个元素的首字母缩写构成了CATWOE元素集。

C——顾客（Customer），关于T的系统内外的利益相关者，包括受益者或受害者；

A——操作者（Actor），实施T的人；

T——转换过程（Transformation），把世界观付诸实现的过程；

W——世界观或维特沙（Worldview），指导人们思考和行动的内在的特定假设；

O——具有终止T的权力主宰者（Owner）；

E ——实现价值过程中的环境限制因素（Environment）。

活动三：对相关系统进行建模，即根据 CATWOE 用最少的活动来描述实现世界观的过程，一般情况下，描述过程的活动个数不应超过 7 个，超过 7 个活动则需要建立另一个层级或子系统来描述这些活动。此外，还需要建立评价标准以确保这种实现过程是有效的，这里至少需要考虑 3 个评价标准：效力、效率和效果。其中效力表示转换过程是否如期运作，效率表示这样的转换过程是否以最小的投入得到最大的产出，效果表示转换过程是否能够实现最终目标。三个评价标准的引入使这个概念模型呈现一种多层级控制的有目的的整体子，在这个整体子中，除转换活动外，还要附加三个评价标准的监控活动，其中涉及效果的监控活动比涉及效力和效率的要高一层级，因为它是监控最终目标能否实现的控制标准。在建模过程中，70 年代所采用的正式系统模型已逐渐被 CATWOE 元素集和 3 个评价标准代替，同时由于 CATWOE 元素活动不可避免地与现实世界发生联系，加之方法论的使用已逐渐走向内化，故原有"七个步骤"模型图中的用以区分现实世界和系统思想世界的分界线在这里也逐渐消失了。

活动四：把概念模型与感知现实进行比较。在比较中，概念模型仅作为一种认识论工具，模型研究者可以利用其向现实问题情境提出各种疑问，对这些疑问的回答往往能突现出问题情境中潜藏的各种世界观，同时通过这些概念模型还能引发改进问题情境的讨论。

（2）文化分析的探询流程。文化分析的探询流程包含了 4 个主要活动。① 绘制丰富图。它类似于"七个步骤"中的步骤 1 和步骤 2 中对问题情境的感知和表达活动，绘制丰富图有利于研究者对问题情境中错综复杂的关系和流程进行直观的描述，这要比文字叙述清晰和简单。② 分析干预过程本身，主要是界定 3 个角色：促使对问题情境建立研究的发起者、问题的解决者和问题的拥有者。这三个角色在问题情境中存在重合的可能，界定这些角色有利于研究者在逻辑分析流程中确定相关系统。③ 社会系统分析，它涉及三个因素：一是问题情境中人们所扮演的（正式和非正式的）社会角色，这种角色往往是与人们在组织中的地位相适应的；二是人们行为所遵循的社会道德规范；三是价值观，价值观是评价社会角色的行为是否妥当的标准。根据维克斯评价理论，这种价值观反映了问题情境中人们的主观意愿，没有绝对的好与坏之分，因此，分析价值观有利于探询问题情境中目的行动背后的意义。④ 政治系统分析，由于政治是维护组织秩序的有力手段，因此，要想使问题情境中的不同观点能和平共处，就需要采用适当的政治手段。在现实问题情境中，政治往往体现在权力上，政治分析就需要分析组织中权力是如何运作的以及它对改善问题情境有哪些影响。

5.2.2 方法论的两种运用模式

从软系统方法论的形成历史来看，它是从系统工程在处理人类复杂事务的失败中发展起来的，故早期的软系统方法论主要以方法论为导向，即在行动研究经验积累的基础上对系统工程做出方法论上的改进。关于这一点，我们可以从上一节系统工程方法论Ⅱ及此后方法论"七个步骤"模型图中找到这种以方法论为导向的发展脉络。然而，随着软系统方法论逐渐发展完善，它在实践过程中面对不同的问题情境时，不仅是一种方法论，还是可以转变为系统实践者探询问题情境的一种认识论工具。这时，它强调的是将原来方法论步骤转变为一种指导活动的内化原则，它能够帮助人们根据问题情境的需要灵活使用，以便更好地理解和改善问题情境。可见，此时的软系统方法论的使用性质已由原来的以方法论为导向转变为以问题情境的探询为导向。切克兰德把前者称为模式1，把后者称为模式2。这两者的区别见表5-1。

表 5-1　软系统方法论应用的两种模式的比较

模式 1	模式 2
方法论驱动	问题情境驱动
以干预问题情境为目标	以学习、理解问题情境为目标
外在的干预	内在交互式学习、理解和反思
干预过程有时按顺序进行	探询过程总是以反复循环的形式进行
软系统方法论以一种外在的形式存在，作为干预问题情境的方法步骤	软系统方法论以一种内在模型的形式存在，作为一种认识论工具
把系统思想作为思想框架使用软系统方法论来干预问题情境	把软系统方法论作为思想框架，不断反思、学习方法论的使用过程

在模式 1 中，软系统方法论的使用者把软系统方法论看作是一份干预问题情境的列明方法步骤的清单，在使用过程中总是围绕着这些步骤展开干预问题情境的活动，方法论使用者往往以局外者的身份来看待问题情境，干预往往变成一种按部就班的机械活动。在模式 2 中，软系统方法论的使用者把探询问题情境看作是主要的目标，而软系统方法论此时变为一种认识论工具并内化于方法论使用者的头脑中。此时，方法论使用者可以完全不受原有步骤的限制来开展探询问题情境的活动，由于方法论已内化于头脑中，故他可以根据需要对问题情境不断做出的理解、反思和可行的改进活动。

为了说明两种模式的差别，切克兰德把这两种模式与维克斯的"评价系统"模型和一般问题研究的智力形式结合来说明这种差别，见图 5-3 和图 5-4。从图 5-3 来看，维克斯的"评价系统"模型展示了不断变化的问题情境是由"事件"和"思想"构成的变化过程。在软系统方法论使用过程中，模式 1 强调的是对由事件和思想构成的问题情境进行外在的干预，模式 2 强调的是方法论使用者介入问题情境，通过与问题情境的互动从经验中学习、理解问题情境和反思方法论的使用。从图 5-4 来看，模式 1 强调的是以系统思想作为指导思想来运用软系统方法论，如用"七个步骤""双流模型"来干预问题情境，模式 2 强调的以软系统方法论为指导思想自觉地开展反思活动，即在实践中自觉运用软系统方法论来反思方法论使用过程并不断调整策略以便更好地学习和理解问题情境，模式 2 是一种比模式 1 更高层级的一种"元层级"的活动。

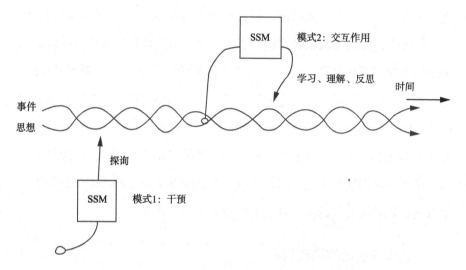

图 5-3　模式 1 和模式 2 在维克斯评价系统中的表现形式

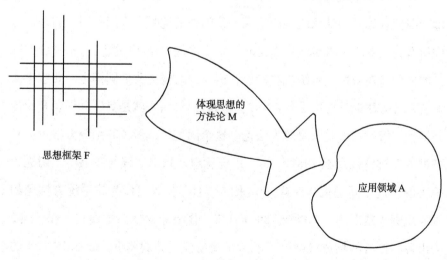

图 5-4　干预问题情境的一般形式

通过比较可以看出，切克兰德软系统方法论在 20 世纪 80 年代的实践运用过程中逐渐由一种方法论演变为一种认识论工具。切克兰德指出软系统方法论应作为方法论使用者的一种内在指导原则，但这是一个不断积累总结的过程，它类似于对一项体育技能的学习活动。例如，对于攀爬岩石的初学者来说，实现每一个动作都是一个新问题，他们刚开始的动作笨拙，在岩石的表面上缓慢行进。但是有经验的攀爬者一旦掌握了攀爬技能并内化于心，他们无论在攀爬哪个层级，都能有序地移动身体并呈现出一种连贯有序的攀爬动作。对于软系统方法论使用者来说，道理也是如此。对于那些老练的软系统方法论使用者来说，他们会更关注人类问题情境中那些比较微妙的特征，而一些新手则仅仅停留在应付什么是根定义和构建概念模型等这机械的步骤上。因此，切克兰德建议软系统方法论成熟使用者应该主动放弃模式 1 而采用模式 2 来干预问题情境。模式 1 仅适用于教学领域，软系统方法论初学者进行初级的学习和训练。

5.2.3 方法论的构成规则

在发展软系统方法论的过程中，切克兰德逐渐意识到这样一个问题，即当我们宣称采用软系统方法论来干预问题情境时，我们必须向问题情境中所有的利益相关者展示什么是软系统方法论；当我们要检验软系统方法论的使用者在使用软系统方法论是否得当的时候，我们同样也需要知道衡量软系统方法论的标准是什么。这些问题归根结底就是要让局外者和局内者清楚了解"什么是软系统方法论"这个问题，或者说软系统方法论应具备哪些关键特征。在 1981 年的《系统思想，系统实践》一书中，切克兰德为解决这个问题把当时建立起来的"七个步骤"作为软系统方法论的构成规则。然而到了 20 世纪 80 年代末，随着系统实践中模式 1 和模式 2 的出现，原有的构成规则已不能满足新的模式 2 的要求。故在 1990 年的《行动中的软系统方法论》中，他把软系统方法论的构成规则作了进一步修改以便能够满足模式 1 和模式 2 的使用要求。这种构成规则包括以下五点。

（1）软系统方法论是一种应对现实世界问题情境的有组织的思考方式，它的目标使问题情境获得改善，它构成日常管理活动的组成部分。

（2）软系统方法论有组织的思考方式是基于系统思想开展的，它的整个运作过程将导致一个清晰的认识论活动。对任何宣称采用软系统方法论开展的项目工作，我们须从认识论的角度来考察工作成效，而不是从技术工具和语言的使用上来考察软系统方法论。

（3）当宣称采用软系统方法论时就必须考虑到以下三点：①把现实世界看作是系统性的，这并不是既定的假设，而是我们有意识选择的结果，换句话说，这是一种认识论的结果。②在使用软系统方法论时，存在两种世界活动，一种是现实世界中的日常活动，另一种是系统思想世界中用系统思想来考察现实世界的活动，软系统方法论使用者总是在这两个世界来回转换。③在系统分析阶段，需要用整体子来构建有目的的人类活动系统，这个整体子包含了系统的基本思想，如突现与层级、通信与控制。

（4）软系统方法论可以通过不同的方式运用于不同的问题情境中，同时它在干预问题情境中，还可以被不同使用者进行不同的理解和使用，因此，方法论使用者需要有意识地考虑软系统方法论可能的应用方式，以便它更灵活地应对特定的问题情境。

（5）软系统方法论作为一种方法论，它在应用过程中必然会产生有益的经验启示，这些经验启示可能是关于软系统方法论的思想框架的，也可能是关于它的使用过程和使用方式的，作为方法论使用者必须学会有意识地反思方法论使用过程中产生的经验启示。

5.3 软系统方法论的成熟阶段

20 世纪 90 年代以来，软系统方法论在实践中逐渐走向成熟阶段，这体现在它的理论结构和实践应用两个方面。这期间的代表作品是 1998 年的《信息、系统、信息系统》、1999 年的《软系统方法论：30 年回顾》、2006 年的《学习行动——软系统方法论使用说明》。在理论结构方面，软系统方法论自 1990 年开始逐渐走向简约和内化的形式。在 1999 年的《软系统方法论 30：年回顾》一书中，切克兰德明确指出，在系统实践中，他逐渐发现早期的软系统方法论的使用形式都过于机械和缺乏灵活性，例如，软系统方法论早期的"七个步骤"模型由于其步骤过于机械，容易给人产生按部就班的刻板印象，即使是 1988 年出现的"双流模型"也表现出过于形式化的问题，不能为问题解决者更加灵活地改善问题情境。故在 1990 年以后，他逐渐把软系统方法论探询过程调整为更为简练的四项活动，并把"双流模型"分析内化于其中。

这 4 项活动包括：发现问题情境、建立概念模型、在情境和模型之间进行比较和讨论、改善问题情境。这 4 项活动构成了方法论使用者探询和改善问题情境的一个循环学习系统，见图 5-5。该图最早出现于 1990 年《行动中的软系统方法论》中，当时这四项活动尚未被正式提出。这四项活动在 2006 年出版的《学习行动》一书中（这是一本面向初学者的软系统方法论教学指导用书）又被进一步拓展为 7 个原则和 5 项活动，见图 5-6。

7 个原则是方法论内化的原则，5 项主要活动是在这 7 个原则的基础上产生的。5 项主要活动是在 1990 年 4 项主要活动基础上增加了"反思"活动，即增加一个对方法论及问题情境进行反思的功能活动，这是软系统方法论中一个"元层级"的活动，它使软系统方法论更具有适应性。20 世纪 90 年代以来，软系统方法论在实践应用方面取得很大的突破，这主要表现在从兰卡斯特大学建立起来的软系统方法论研究传统已拓展到全球各个国家和国民经济的各个领域，这些发展和成就将在下一节进行介绍。

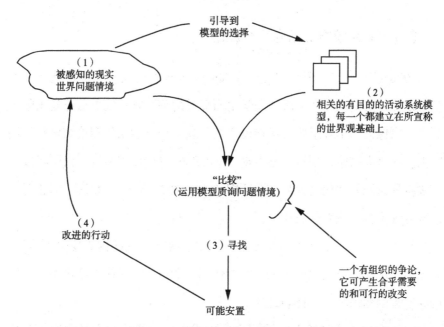

图 5-5 软系统方法论中 4 个主要活动构成的学习循环

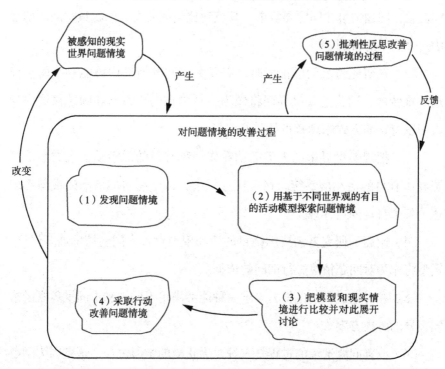

图 5-6 软系统方法论中 5 项主要活动构成的学习循环

5.3.1 软系统方法论的 7 个原则

2006 年，切克兰德和鲍特合作编著了《学习行动》一书，这是一本针对系统方法论实践者、教师和学生而编写的关于软系统方法论使用的工具书，它像一本工具手册，清晰地介绍了软系统方法论的理论结构和使用原则。在这本书中，切克兰德根据 20 世纪 80 年代以来系统实践的经验进一步将软系统方法论完善为 7 个原则和 5 项主要活动，这是迄今为止对软系统方法论较为成熟的表述。

软系统方法论的 7 个原则比原来的软系统方法论的构成规则更清晰、具体地展示了该方法论的特征，它的作用在于指导软系统方法论实践者探询和改善问题情境，具体表述如下。

（1）在使用方法论时，要以现实世界的问题情境而不是问题作为研究对象，问题情境比问题要复杂，其范畴比问题要大，问题只是问题情境中一个简单的特例。

（2）在研究考察问题情境时，需要关注问题情境中可能存在的世界观或维特沙，因为这些世界观将作为一种内在的假设指导问题情境中的人们以特定的方式来理解世界和开展行动。

（3）把现实世界中的人类活动看作一种有目的的活动，人类活动系统看作有目的活动的系统，在建模过程中，每个有目的活动的模型都表达了某个特定的世界观。

（4）问题的研究者需要围绕目的活动模型对现实问题情境展开讨论，模型将作为对问题情境进行询问的依据。

（5）在讨论过程中应努力寻求一种能够满足不同人和不同世界观的求同存异的解决方案。

（6）改善问题情境的过程是一种永无止境的学习过程，这是因为问题情境一旦被改善，将会涌现出新的特征并形成新的问题情境，方法论各步骤将再次启动。

（7）研究者要学会运用批判反思的方法来完善和内化方法论，反思活动可发生在方法论实践的各个环节，一旦方法论的使用者开始自觉反思，那么该方法论将成为一种内化认识活动，方法论的使用者将转变为一名在反思中不断学习成长的系统实践者。

5.3.2 软系统方法论的 5 项主要活动

根据图 5-6，软系统方法论的这 5 项主要活动的逻辑思路可简要表述如下：首先，问题研究人员需要以参与者的身份介入问题情境，通过自己切身体验来感受问题情境中可能存在的不同价值观和世界观。其次，根据这些体验去建构一些与问题情境有关的人类活动的概念模型，每种概念模型背后都代表着某种指导现实世界人们行为的价值观和世界观。建模完成后，接着就需要把模型与现实情境中的人类活动进行比较，比较的目的在于洞察和识别现实情境中存在的价值观和世界观。最后，在这些可能存在分歧的价值观、世界观之间进行沟通协调，并找出一种能够求同存异和具有可行性的解决方案。另外，在软系统方法论的整个活动过程中，现实世界人们认知能力存在不完备性和问题情境具有动态性，因此，软系统方法论强调了认知和改善问题情境并不是按部就班的线性过程，而是一个反复学习的认知过程。在这个过程中，还包括了一项具有自我反思功能的学习活动，反思即是对方法论实施过程的再思考，这是"一种元层级"的学习活动。下面将进一步详细介绍软系统方法论的5 个主要活动的具体内容。

（1）发现问题情境。发现问题情境是鼓励问题解决者从多种途径去考察问题情境并挖掘其现象背后的影响因素。这个阶段的活动将反复贯穿于方法论运用的过程当中，发现问题的活动越丰富，越有利于后续的比较和讨论工作的开展。该步骤采用以下 4 种方式分析问题情境。

第一，鼓励问题情境的参与者采用绘图的方式形象地描述问题情境。绘图是一种启发人们无拘无束地表达人们心中想法的有效方式，这些图景可揭示问题情境中存在的实体，实体间的结构、关系以及参与者所拥有的各种价值观和世界观。它的合理性在于能发掘来自相互作用关系的人类事务的复杂性，因为图像比文字叙述能更形象地表达这种作用关系。图像可以被看作是一个整体，并能帮助研究者从整体主义而不是还原主义的视野来考察问题情境。

第二，分析问题情境的结构。这涉及分析3种角色：一是问题情境研究发起者，二是问题研究的实施者，三是问题的拥有者。在特定的问题情境中，这三种角色可能会发生重合，即一个人既有可能是研究发起者，又是问题拥有者。对干预的结构分析的重要意义在于有利于问题解决者站在整体的视角来考察问题情境。在问题情境中的任何人和团体都有权利来回答"谁是问题的拥有者？"这样的问题。在问题情境结构分析中，这些被选择出来的问题拥有者通常是问题情境复杂性的关键所在，它们能为"相关系统"的建模工作带来有益启示。

第三，分析问题情境中的社会文化因素。分析问题情境中关于文化的社会因素包括问题情境中人们所扮演的社会角色、人们行为所遵循的社会道德、人们评价各种角色行为所依据的价值观等。维克斯的评价理论给我们呈现出这样的事实：即社会现实是一个动态的建构过程，每个人都将依据自身的价值观和世界观做出相应选择和行动。文化分析有利于系统实践者考察问题情境中各种目的行动背后的意义，同时也有利于用于改进问题情境的变革措施更具有文化上的可行性。

第四，分析问题情境中的政治权力因素。政治权力是维护一个具有不同价值信仰的组织实现和谐统一的强有力保障。在方法论运用中同样需要关注政治因素，如对组织内部权力结构和作用机制的分析。切克兰德引用了斯托维尔的观点，把权力比喻为"商品"，对权力的研究需要人们考察权力在组织内是如何获得、使用、保护和传递的。在方法论运用中，权力因素往往体现在一些微妙的信息上。理解权力的作用可以帮助研究者洞察组织内在的文化，促使不同价值观和世界观在公开讨论中得以求同存异，同时也推动一种文化可行的解决方案的产生。

（2）构建人类目的活动的相关概念模型。社会现实表明，在复杂的人类事务中，人们的行为总是围绕着某一目的而展开。在软系统方法论运用中，为了对复杂、有目的活动进行建模，研究者首先需要对这个目的活动进行简明的定义。在软系统方法论中，这个定义称为根定义，它把有目的的活动表达为一个转换过程。任何有目的的活动都可以表达为一种从输入到输出的转换形式：即在一个实体系统中，一个输入在这个转换过程的作用下其状态或形式都会被改变，形成一个输出。关于转换过程的大胆而独特的陈述可以看作一个根定义。根定义将以 PQR 的逻辑形式进行，即通过 Q 完成 P 从而实现 R，这个逻辑表达式简要阐明了"是什么""怎样做"和"为何这样做"三个问题。这种表达方式预示了建模工作需要考虑一个多层级控制系统来实现根定义。根定义完成后还需用 CATWOE 元素集进行补充完善，最后将形成一个有目的行动的人类活动系统的概念模型或整体子。研究者在建立目的性活动模型时需要把转换操作与另一组具有监控操作和控制行为的活动联系起来，在这些监控活中存在着 3 个评价标准：效力、效率和效果。这些评价标准与控制活动及转换操作活动共同构成了一个人类活动系统的多层级控制概念模型，或称为"有目的的整体子"。在软系统方法论中，概念模型或有目的的整体子是对研究者基于某种世界观主观建构的一种认识论工具，这个模型与马克思·韦伯的社会学研究方法论中所采用的"理想类型"的作用是一样的，它本身不是对现实世界的真实反映，而是一种认识现实问题情境的手段。研究者通过把它与现实世界进行比较来学习和理解问题情境中各种目的活动背后的意义并对此做出可行的改善。因此，根定义和建模工作在软系统方法论运用过程中需要在不断理解现实的基础上反复地修改和补充。切克兰德以图5-7展示了建立人类目的活动概念模型工作的逻辑步骤。

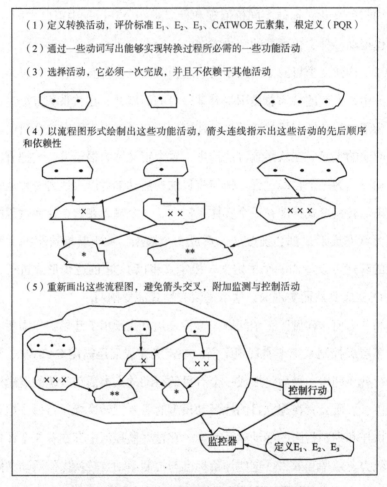

（1）定义转换活动，评价标准 E_1、E_2、E_3、CATWOE元素集，根定义（PQR）

（2）通过一些动词写出能够实现转换过程所必需的一些功能活动

（3）选择活动，它必须一次完成，并且不依赖于其他活动

（4）以流程图形式绘制出这些功能活动，箭头连线指示出这些活动的先后顺序和依赖性

（5）重新画出这些流程图，避免箭头交叉，附加监测与控制活动

控制行动

监控器　　定义E_1、E_2、E_3

图 5-7　建立人类目的活动概念模型的逻辑步骤

（3）把有目的的活动系统模型与现实情境进行比较和讨论。通过模型与现实情境的比较，以概念模型作为提问的依据，去探询现实问题情境中的人和事。通过提问、面谈等多种方式来识别现实问题情境中那些指导人们言行的价值观和世界观，并找出这些价值观、世界观的差异。在比较过程中，通常还伴随着讨论活动，其中的概念模型往往成为讨论的素材来源。在讨论中，问题情境的参与者们可对由模型导出的问题进行讨论，这些问

题可通过问题情境中参与者对现实情境的感知来加以回答。讨论的结果可以一组问卷的形式完成。在比较过程中，方法论使用者尽量不要期望讨论的结果是可预期的，尽量不要遵循任何既定路线，而是要以讨论的焦点问题为导向，灵活地跟随讨论的话题发展，不断地深入探询问题情境。在本环节中，比较的目的不是以模型为基准去修改现实行为，而是识别问题情境中指导各种目的行动的世界观和找出这些世界观的差异。因此，在比较活动中，概念模型与现实状况差别越大，就越能够为研究人员带来有价值的信息，对现实问题情境的认识也就越富有成效。概念模型在比较中可得到不断的修正，概念模型逐渐逼近现实问题情境真实状况，同时方法论使用者对问题情境中存在的价值观和世界观的认识也将逐渐清晰起来。在明晰问题情境中的价值观和世界观之后，还需要寻求一种求同存异的解决方案，这类解决方案能够满足那些代表不同世界观的概念模型的逻辑需要，同时从问题情境所处的社会历史背景来看，这类解决方案又是文化可行的。

（4）采取行动改善问题情境。对问题情境的改善尽可能包容不同价值观、世界观，从结构、过程、态度三方面做出改变，同时要结合具体环境和评价标准。例如，对现实企业经营管理的改良可考虑从组织结构、业务流程、企业文化三方面进行，同时从效能、效率、效益三方面做出评价，即评价企业价值链活动是否如期运作，顾客对企业的产品和服务是否满意，企业创造顾客价值的过程是否以最小的投入获得最大的产出，企业的价值链活动是否给企业带来利润等。切克兰德指出，20世纪90年代以来的行动研究项目表明软系统方法论的运用过程已不仅是寻求改善问题情境，更重要和更经常发生的是作为一种探明意义的方法指引，即帮助方法论使用者发现问题情境中各种目的行动背后的意义，从而为改进问题情境提供决策依据。

（5）对方法论的反思。方法论使用者需要对问题情境、方法论使用过程以及方法论相对于问题环境的适应性进行批判性反思。这项批判性反思活动揭示出软系统方法论是一种指导方法使用的原则而不是具体的方法，因此，方法论使用者应学会针对不同问题情境选择适宜的方法进路来探询特定的问题情境。这意味着成熟的软系统方法论使用者需要关注使用者、方法论和问题情境三者的关系。图 5-8 展示了一个方法论使用者学习反思的 LUMAS 模型。在该图中，方法论使用者需要在实践中反思方法论内在连贯性及方法论与问题情境之间的相互适应性，从经验中学习如何从形式化的方法论中选择一条有效的进路来应对特定问题情境，这种对方法论的实践反思过程将产生学习。由于现实世界是一个不断发展过程，随着新问题情境的出现，这种反思和学习将不断循环下去。批判性反思学习活动是方法论活动中比其他四项活动高出一层级的"元层级"活动，方法论使用者通过反思、学习，积累使用软系统方法论应对问题情境的经验，使软系统方法论的运用逐步走向内化并上升为一种探询现实问题情境的认识论。

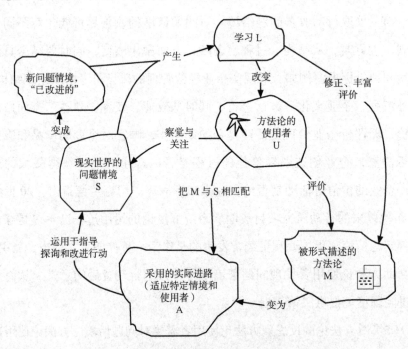

图 5-8　方法论使用者学习反思的 LUMAS 模型

5.4 软系统方法论的实践应用

20 世纪 90 年代以来,软系统方法论的理论逐渐被社会各界广泛采用,并在实践中取得较大的成功。关于这一点我们可以从英国系统学者明格斯对软系统方法论应用的两次调研中获得支持。第一份调研是在 1990 年开展的,当时明格斯和泰勒两人通过邮寄问卷调查的方式对软系统方法论的应用作了详细的实证调查。调研内容包括被调查者的工作背景、方法论使用过程中各要素被关注的程度、使用方法论存在的问题、方法论使用中被修改和补充的部分、方法论的应用领域、方法论带来的效益评价等方面。调研结果显示,在被访的 300 名用户中有 30% 的用户曾使用过软系统方法论,其中使用软系统方法论超过一次者占 66%,使用超过 3 次者占 44%。软系统方法论的应用范围涉及组织结构设计、信息系统设计、一般问题的解决、教育课程设计、绩效评估、项目管理、商业战略制订等。在问卷中关于问题软系统方法论应用中哪一个活动被关注和使用的统计结果见表 5-2。这个统计结果显示软系统方法论应用过程中利用系统思想的探询活动如根定义、丰富图和建模等要多于用于改善现实世界的比较和变革活动,这意味着软系统方法论应用日趋灵活,软系统方法论使用目的已从"任务导向"走向"学习导向",即从改善问题情境为主要目的,趋向以探询问题情境为主要目的。

表 5-2　软系统方法论中各活动受关注程度的调查结果

软系统方法论的活动	被关注个数 / 例
根定义	115
丰富图	112
概念模型	111
相关系统	110
CATWOE	96

续表

软系统方法论的活动	被关注个数 / 例
比较	95
变革	94
问题主题	86

在另一份对软系统方法论的应用调研中，明格斯通过文献搜索的方式对 20 世纪 90 年代期间出版的关于软系统方法论应用的案例所采用方法和应用领域进行了统计，见表 5-3。调研数据显示，软系统方法论已被广泛应用于不同领域以及组织管理活动的各个环节。在方法论使用上，软系统方法论日趋灵活，在解决问题过程中，方法论使用者除采用软系统方法论外，还把软系统方法论与其他方法相结合并形成一种多方法论，这些方法包括有认知图、交互式计划、系统动力学、批判系统理论、战略选择、模拟等。

表 5-3　20 世纪 90 年代软系统方法论应用案例的文献统计表（部分）

应用领域	采用的方法 / 技术	参考文献
组织绩效评价活动	软系统方法论 + 批判系统	Gregory and Jackson（1992）
事业管理	软系统方法论	Bolton and Gold（1994）
发展竞争力概貌	软系统方法论	Brocklesby（1995）
工业心理学	软系统方法论	Kennedy（1996）
全面质量管理	软系统方法论 + 系统动力学	Bennett and Kerr（1996）
发展研发策略	软系统方法论	Nakano et al.（1997）
组织计划	软系统方法论	O'Connor（1992）
设计会议简报系统	认知图	Bennett（1994）
商业流程重组	软系统方法论 + 生存系统模型 + 交互式计划	Ormerod（1998b）
组织学习系统	认知图	Lee et al.（1992）
社区支援小组系统	交互式计划 + 系统动力学	Magidson（1992）
企业家培训	交互式计划	Robbins（1994）

应用领域	采用的方法/技术	参考文献
旧金山动物园建模	生存系统模型	Dickover（1994）
市政组织建模	生存系统模型	Cummings（1996）
多业务绩效改善	生存系统模型	Rasegard（1991）
药品交易分析	系统动力学＋软系统方法论	Hanes et al.（1997）
组织机构再设计	生存系统模型	Coyle and Alexander（1997）
项目管理	认知图＋系统动力学	Walker（1990）
场所再设计	系统动力学＋软系统方法论	Ackerman et al. Vos and Akkermans（1996）
发展商业战略	系统动力学＋软系统方法论	Winch（1993）
信息系统、战略信息系统	软系统方法论	Galliers（1993）
会计信息系统	软系统方法论	Ledington（1992）
分析 CD-ROM 网络	软系统方法论	Knowles（1993）
信息系统战略	生存系统模型	Schuhman（1990）
获取过程知识	软系统方法论＋过程模型	Boardman and Cole（1996）
建立过程模型	软系统方法论＋扎根理论	Platt（1996）
发展信息系统战略	交互式计划＋软系统方法论＋生存系统模型＋战略选择	Ormerod（1996、1998）
技术、资源、计划、新技术和文化冲突	软系统方法论	Kartowisastro and Kijima（1994）
家畜管理计划	软系统方法论	Macadam et al.（1995）
交通规划	软系统方法论	Khisty（1995）
夏威夷农业生产计划	软系统方法论	Millspakco et al.（1991）
自然资源管理	软系统方法论＋非均衡生态学	Brown and Macleod（1996）
湖泊管理	软系统方法论＋决策支持系统	Gough and Ward（1996）
能源理性化管理	软系统方法论＋QQT	Fielden and Jacques（1998）
交通规划整合	认知图	Ulengin and Topcu（1997）
南非地区规划	交互式计划	Stumpfer（1997）

应用领域	采用的方法 / 技术	参考文献
诊所医疗服务	系统思想 + 数据分析 + 排队模拟	Bennett and Worthington（1998）
残疾人问题研究	系统思想	Thoren（1996）
门诊服务的建模研究	软系统方法论 + 模拟	Lehaney and Paul（1994、1996）
护士管理	软系统方法论	Wells（1995）
国内健康服务的合同管理	软系统方法论	Hindle et al.（1995）
健康服务信息系统	软系统方法论	Maciaschapula（1995）
资源计划和分配	软系统方法论 + 模拟	Lehaney and Hlupic（1995）
为精神病人安置做的研究	批判系统理论	Midgley and Milne（1995）
规划医院组织结构	交互式计划	Lartindrake and Curran（1996）
一般的定性研究	认知图	Brown（1992）
CEO 的认识能力研究	认知图	Calori et al.（1994）
对杀虫剂的认识	认知图	Popper et al.（1996）
自动化知识的发现	认知图	Billman and Courtney（1993）

5.4.1 软系统方法论在信息系统领域的应用

切克兰德自 20 世纪 70 年代发展软系统思想和软系统方法论以来，一直对信息、信息技术及信息系统表现出极大的关注，关于这点，我们可以从他过往 30 年时间所从事的系统实践和所发表的著作、论文当中得到支持，1970 年，他和格里芬共同发表了一篇名为《管理信息系统：一个系统的观点》的论文，这篇论文较早地探索了将信息系统的设计与人类活动系统模型结合起来的问题。在 1981 年的《系统思想，系统实践》一书中，他把"信息"看作是系统思想中一个不可或缺的元素，他指出"信息"是工业革命以来继"能量"之后最有影响力的概念，它是

20 世纪 70 ～ 80 年代系统运动中最有力量的概念。在 1990 年切克兰德与斯克尔斯合著的《行动中的软系统方法论》一书中，切克兰德认为信息应被看作是一种独特的文化现象来加以对待，而不仅仅是一种技术现象，故在开发信息系统的过程中，他提出引入软系统方法论来探询问题情境中的文化。上述这些思想最终在切克兰德和豪威尔 1998 年编著的《信息、系统、信息系统》一书中得到完整的体现。切克兰德 1990 年和 1998 年的两本著作反映了软系统方法论在信息系统领域的主要应用成果。

切克兰德把软系统方法论与信息系统的建造工作相结合的思想来源于他对"信息"的丰富内涵的关注。在 1990 年的《行动中的软系统方法论》中，他指出现实世界中的"信息"与信息世界中的"数据"有很大的差别。这主要体现在"信息"是人们对数据进行加工处理后的有意义的内容，换句话说，"信息"是特定背景下人们对数据赋予意义的产物。因此，对"信息"的解读离不开对特定背景中的政治文化因素以及赋予"信息"意义的人们的世界观和价值观的理解。同样的道理，在构建一个信息系统的过程中，设计者也必须了解该系统所处理的"信息"以及该系统要实现的目的背后的意义所在。因此，要充分了解这些复杂意义就必须采用系统思想从整体的角度来探询这个信息系统所支持的有目的活动系统的运作模式。其中软系统方法论的根定义、建模、比较等工作能帮助设计者构建一个有目的活动的系统模型，用以探明信息系统所支持的各种现实活动。同时设计者可把这些目的活动模型进一步转变为信息系统的信息流模型，这样设计出的系统才能满足逻辑需要和具有文化上的可行性。切克兰德在 1990 年把这种设计信息系统的研究进路描绘为以下八个步骤：探明情境中的世界观或维特沙、探明被赋予在感知世界中的各种意义、描述现实世界的活动、建立与现实世界相关联的有目的活动的系统模型、建立信息流模型、对信息流中的信息分类、根据信息类型建立数据结构、设计适合的数据操作系统（传统意义上的信息系统）。他指出采用软系统方法论可以帮助实现这八个步骤。

在 1998 年的《信息、系统、信息系统》中，切克兰德进一步澄清对信息、信息技术和信息系统的认识理解上的混乱。在这本书中，他从社会文化意义的角度阐明了信息、信息系统的概念，重新界定了信息系统在组织中的地位和作用。他认为信息系统所扮演的角色不仅局限于传统管理科学所定义的决策支持功能，在信息时代采用信息技术的信息系统渗透在组织活动各环节，这其中涉及组织文化、业务流程、管理理念及组织变革等多项重要活动。在现代管理组织中，信息系统不仅是一个技术系统，还是一个社会系统。一方面，信息系统通过它的先进技术和信息流程为管理者设计组织结构和管理流程带来反思和创新的机会，另一方面，信息系统的设计活动作为整体组织活动的一部分，同时也受到组织内在环境各因素的影响。因此，一个信息系统设计者需要清醒地意识到这样一个问题：即当我们试图将一个信息系统建立概念建模的时候，首先必须对它所要服务的另一个目的活动系统进行概念化建模，即设计一个目的活动系统模型。只有当活动系统的各项活动被建立起概念模型后，涉及信息系统的工作才变得可行和富有成效。

在对组织活动进行概念化建模的过程中，切克兰德认为传统信息系统设计工作遵循了"目标为导向"的组织理论，关于这种组织理论思想，我们已在本书第三章中作过介绍，它是当代管理科学、系统工程等学科的理论基础。然而，这种"目标导向"的组织理论忽视了存在于组织生活中的社会文化因素，从而忽视了组织管理过程中由这些社会文化因素衍生出来的多样性问题，如与人的价值观、世界观、信仰相联系的价值判断活动。根据维克斯的评价系统理论，这些价值判断活动将导致人们活动的多样性并构成了丰富的社会现实洪流，人类在这个社会现实洪流当中将不断学习和适应环境。因此，在社会发展历史进程中，人类组织文化在发生变化，人们活动所依据的价值观和世界观也在发生变化，组织的追求目标在不断更替当中，因此，组织要想在这个变化的环境当中生存，仅仅依靠"目标导向"来建立组织是远远不够的，需要引入一种"关系维护"为导向的组织理论来帮助组织管理者考察组织内部各种活动之间的关系以及组织与外部环境之间的交互关系，最终使组织能够可持续地存活、发展下去。

基于这样的思考，切克兰德在 1999 年提出了在设计信息系统的工作时需要转换对组织的理解的观点，见图 5-9。它从"目标导向"的组织观转向"关系维护"的组织观，并采用这种组织观来指导对信息系统设计的概念化工作。

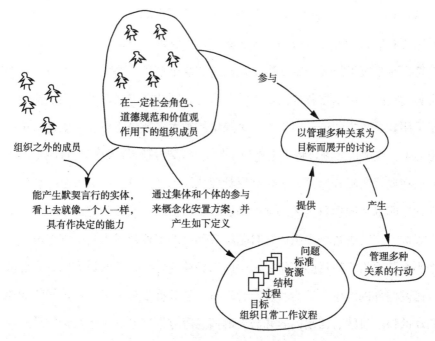

图 5-9　关于组织的概念模型

5.4.2 软系统方法论应用案例：为医院建立信息战略计划

在 20 世纪 90 年代初，英国国家健康服务管理部门（NHS）在医疗服务机构内部推行市场化运作改革，其中一项措施就是将各地方的医疗服务机构重组为大型医疗服务集团，由这些大型医疗服务集团与地方政府健康管理部门签订健康服务合同，并为社区居民提供更为完善的医疗服务。其中，地方政府健康管理部门是社区医疗服务的托管者和医疗服务的购买者，大型医疗服务集团则是服务的提供者。

本案例发生在纽卡素地区一家市区大医院——皇家维多利亚医院与克斯姆郊区一家地方医院之间的合并过程，当时新合并医院的信息主管克拉克认为，有必要在分属两地的医院之间建立关于业务和管理信息沟通的正式渠道，以便合并后的医院可以作为一个整体来为社区服务。为此，他发起了一项旨在为合并后的医院建立信息管理发展战略的项目，该项目获得了英国NHS医院信息系统专项资金的资助，项目开展周期计划为6个月，项目最后制订的信息管理发展战略将提交医院最高管理委员审议。项目的发起人克拉克对系统思想有一定了解，他在建立这个信息战略过程中主张项目的实施过程必须由基层各部门员工共同参与，因此在方法论的使用上他倾向于采用软系统方法论。由于当时医院里的绝大多数员工对软系统方法论还很陌生，在项目实施过程中他聘请了切克兰德和鲍特等人作项目顾问。

在项目实施开始时，医院高层管理特地为此召开了动员大会，会议上管理层明确强调项目实施必须由基层各单位员工共同参与并以小组讨论的形式进行，其中每个小组由来自基层各部门的专业技术人员混编组成。每个小组需要组织研讨会，研究医院内部各项职能活动的改进方向，它们涉及医院内部的医生、护士、资产管理员、会计等多种人员。讨论围绕职能活动的核心目的、活动内容和必要的信息等方面展开。小组讨论的结果由组长在每月的联席会议上提交。

在项目实施过程中，切克兰德等人清醒地意识到信息战略的制订不是对未来活动的规划，而是在对现存各种活动理解的基础上做出的改进措施。由于时间紧迫，他们在运用软系统方法论时采用了"任务导向"的研究进路。首先由顾问小组建立起关于医院主要活动的一般模型，将这些模型交予各功能小组作为进行讨论的素材，功能小组结合医院实际运行情况对此进行修改、补充和完善。这个项目的一般模型包含了根定义、CATWOE 集合和 3 个评价标准，具体描述如下。

根定义：这是一个在外部环境影响下的操作系统，它是在一项基于能力、成本和提供服务的战略指导下建立起来的。其中，它提供的服务必须在国家健康服务管理机构制定的政策规范指引下实现满足社区医疗服务合同购买者的需要，服务本身将有利于该战略的可持续发展。

CATWOE 活动集合：

C ——健康合同的购买者，接受医院服务的人群；

A ——医院专业人员；

T ——提供相应的医疗服务；

W——急症救治服务最好由专业的服务机构提供；

O ——医院管理层，NHS 高层；

E ——NHS 的机构体系设置和政策规范约束，健康服务购买者与提供者之间的相互独立。

评价标准：

E_1（效力）——能够提供令人满意的服务方案；

E_2（效率）——最小地使用资源（包括时间、资金）；

E_3（效果）——使患者、健康服务购买者、NHS 管理层等获得满意，同时给医院带来好的名声。

关于急救医院的一般活动模型描述为图 5-10 的形式，这是一项包含 6 项活动的多层级概念系统模型，每项活动又可以再细分为多项子活动，其中 4.1 的活动又可以再细分为图 5-11 的活动模型。这些模型一旦交付小组讨论，一些有益的结果将会随之产生，小组成员将会讨论这些活动以及产生这些活动所需要的信息的来龙去脉。图 5-11 的活动接着就产生了表 5-4 对所需信息的分析结果。

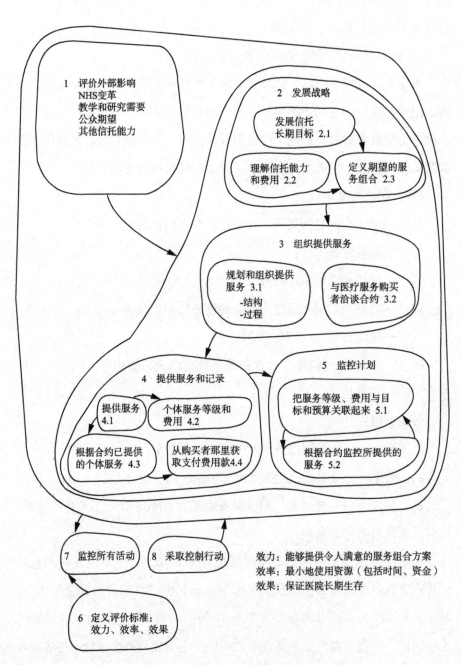

图 5-10 急救医院主要活动的一般模型

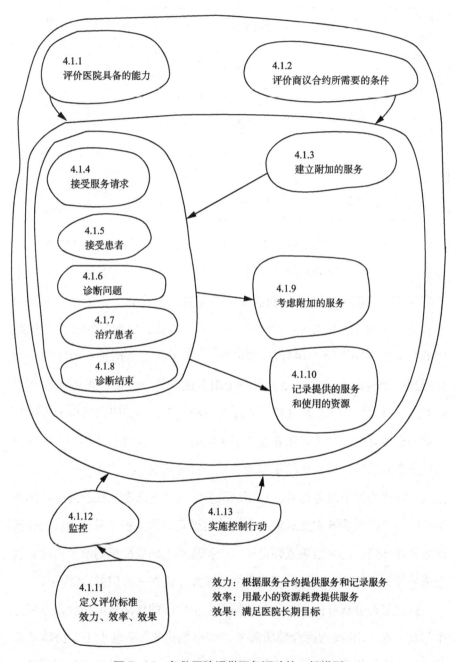

图5-11　急救医院提供服务活动的一般模型

表 5-4　提供服务活动的信息需求的分析

来自模型的活动	活动如何做	绩效衡量	必要的信息	信息支持	当前信息化差距和机遇
4.1.4 和 4.1.5 接受服务请求，接纳患者	通过信函、电话交流	请求被处理的速度	患者的资料，医疗条件和历史，合约状况	患者管理系统	需要自动发信系统，自动刷新合约状况
4.1.6 诊断问题	查看历史资料，检测患者行为	医疗监督	调查的结果	—	缺乏必要的患者信息
4.1.7 治疗患者	治疗操作，开药	医疗监督	可用的治疗机械和药品的信息	手术预约系统	缺乏病房管理系统
4.1.8 结束治疗	出院小结发出院信	开出的速度	治疗后的结果	患者管理系统	需要自动产生出院报告

在这个项目中采用软系统方法论为问题的参与者带来有益的启发。一方面，它能帮助问题情境的参与者实现一种有组织的学习活动。由顾问小组建立的一般模型被医院跨职能专业小组讨论修改后，将更真实地展现现实情境中的主要职能活动和信息流。另一方面，它使问题参与者从整体的角度来解决问题。在每月的联席会议中，切克兰德所在的顾问小组留意到一个有趣的现象，即负责护士服务的功能小组提交的服务方案中把 CATWOE 中 C 定义为患者，通过进一步交流，他们明白这样的安排是由护士们特有的专业素养和专业知识决定的。例如，对于"如果存在这样构想出来的系统，那么它的受益者和受害者将是谁?"这样的问题上，护士们一致认为答案就是患者。然而，从整体的角度来看，在新的医疗体制下，医院所提供服务主要对象并非简单的患者，而是签订服务协议的社区健康管理部门。这个结果或许会使这个护理小组的成员感到意外，因为这个结果与他们致力于专心护理患者的职业操守存在一定偏差。

这说明在分析过程中，研究者需要从更广阔的外部环境角度来审视这个问题，在 NHS 推行医疗健康服务内部市场化的体制转变下，医院的服务对象主要是签订合约的社区健康管理部门，每一份涉及健康护理服务的合约在技术细节上都注明了一定护理服务所对应的成本费用。因此在服务過程中，护士只提供合约中注明的服务，除此之外，患者如果需要更多的护理服务，则需要通过签订服务合约来实现。显然，这些合约对于那些旨在护理患者早日康复的护士来说，是不容易马上接受的事情。护士小组组长在各小组出席的会议上表示，按照这种合约的运作方式会为护理患者工作带来一定影响，这些影响正是她所在小组主要关注的问题。

可见，讨论分析在这个阶段将带来丰富的反思，反思的结果将会使参与人员充分理解在医疗服务内部市场化变革机制下，国家健康管理部门、地方政府健康管理部门、医护人员以及社区居民之间的利益关系和价值诉求。此外，方法论的讨论和反思活动甚至会引发人们对另一个更高层级的问题情境的思考，即新医改方案的效果将会如何？在健康服务逐渐市场化的新体制下令人担忧的问题是什么？这些问题将是 NHS 高层管理者关注的战略性问题。

第六章　软系统方法论的哲学主张与
社会理论基础

在本书前五章中，我们能领悟到软系统方法论不是闭门造车、主观臆造的学术产物，它是在长期系统实践中，对传统硬系统思想方法和一般系统论进行批判、反思的进程中，不断学习、成长起来的一种实践成果。在这个进程中，切克兰德曾鲜明地指出，自贝塔朗菲建立起一般系统论以来，系统思想在发展"反还原论"的立场上还缺乏明晰的哲学主张，这导致了20世纪70年代以前的系统运动是"有意义但不辉煌"的。在学习完前面五章的内容之后，我们也许会开始思考这样一个问题："软系统思想和软系统方法论给我们带来的贡献是什么呢？"在这一章中，本书要阐明这样一种观点：软系统思想和软系统方法论带来的影响是革命性的，它引发了系统思想领域内的一次范式革命。之所以称为革命，那是因为它给系统思想领域带来了全新的哲学主张和社会理论基础。切克兰德在1981年《系统思想，系统实践》一书中指出，贝塔朗菲时期的系统思想由于缺乏明确的哲学主张，导致"系统"的概念常常被当作日常用语，用于描述现实世界某类实体或现象。这种具有实证主义色彩的"系统"概念在功能主义社会理论中得到不断的强化，然而这种强化的代价却导致了系统本应有的整体论思想缺失，同时也使硬系统思想在解决人类事务上陷入困境。为了重构系统思想和发展一种用于探明现实世界丰富意义的方法论，切克兰德在实践中转向了现象学哲学和诠释主义社会理论的范式。它涉及马克思·韦伯、狄尔泰、胡塞尔、舒茨等人的理论贡献。在 2006 年出版的《学习行动》中，切克兰德明确指出从硬系统思想到软系统思想的转变，实际上反映了系统思想所采取的哲学主张和社会理论基础的转变，即从实证主义和功能主义向现象学和诠释主义转变。

6.1 软系统方法论的哲学主张

软系统思想和软系统方法论所采取的现象学主张是在对传统硬系统思想所采用的实证主义的批判和反思中形成的。关于对实证主义的批判、反思，现象学领域的早期创建者们已做了大量、具体、细致的分析工作。在本章中，本书要做的不是去研究和评价现象学本身，而是阐明这门哲学所带来的思想启发及其对软系统方法论的支撑作用。在把现象学与软系统思想关联起来之前，本书需要阐明现象学的基本思想原理和主要任务，这项工作首先从对传统实证主义的反思中开始。

6.1.1 对实证主义的反思

现象学的主要奠基人是德国哲学家胡塞尔，他在发展现象学初期所遵循的座右铭是"回到事物本身"。他认为排除假定是全部哲学的条件，所谓排除假定即意味着不要把权威当作假定、不要把科学传统和科学理论当作假定、不要把实证科学的成果当作假定。他之所以采取这样一种反实证主义的哲学态度，是因为他察觉到传统实证科学并不能为人类认识世界提供坚实可靠的基础。例如，在自然科学研究传统中，通过建立假说、观察实验和证伪所获得的知识都是暂时的，这些未被证伪的知识具有很大的不确定性，因为它们很有可能在以后的相关实验中会被证伪。据此，他认为人们把对世界的认识完全建立在实证科学的基础上是不妥当的。胡塞尔这种对实证主义的批判的态度在他发展现象学的后期显得越发强烈，20 世纪 30 年代，正经历纳粹迫害的胡塞尔所关注的问题已转向对人类生活世界的理解。他认为传统实证科学所遵循的科学理性已严重忽视了人类的文化价值因素，这最终导致了欧洲科学和文化的危机。沿着胡塞尔的思路，下面将通过回顾西方科学研究的理性精神来反思实证主义。

对西方科学理性的反思需追溯到古希腊时期人们从事科学活动所遵循的理性。早在公元前 600 ～公元前 400 年，古希腊哲学家赫拉克利特就对人类生活的世界从感觉和理智两方面进行了原始划分。他认为人类生活的世界是一个变化的复杂过程，对此，他提出"万物皆流"的观点，并以"人不能两次踏入同一条河流"来隐喻这种复杂的流变过程；同时，他认为这种流变过程只是我们人类所感知的表象，而这种表象背后却遵循着一种理性的秩序，他把这种理性秩序的控制单元命名为"逻格斯"，即理性。他认为这种具有理性的"逻格斯"充斥于宇宙万物的变化当中，人类的思考活动也受这种神秘的"逻格斯"支配。赫拉克利特的"万物皆流"和"逻格斯"较早地把人类对客观世界的认识带入理性思辨的领域，尽管他的这种观点很大程度上带有神秘主义色彩，但是他启发了古希腊时期的科学家们不断思考和探求这样的问题：流变背后的稳定本质是什么？是什么过程引起变化？是什么力量控制这一过程？

公元前 400 ～公元前 300 年，来自雅典的哲学家柏拉图把这种理性思维的艺术推向一个新高度，他认为世界的表象往往具有欺骗性，为此，他以数学（几何学）的方式构建了一个永恒完美的"理念世界"并期望以此来描述人类生活的世界。柏拉图之后的岁月当中，他的学生亚里士多德逐渐发现这种用数学建构的"理念世界"并不能有效解释自然界各种复杂现象，进而认为"理念"需要与现实物体相结合才能解释自然现象，为此，他发展了把"理念"与现实世界物体相结合的"目的论"。他认为自然世界的物体都是按其内在的目的而行动的，所有的自然现象都是其作用过程的表现，并且任何过程都有其目的，他把这种内在的目的称为"生命的原理"。因此，对自然现象的探讨就是对其内在的"生命的原理"的探讨。亚里士多德的这种对物体内在目的研究的思想主导了西方科学研究约两千年的历史，直到 17 世纪科学革命的产生。

16 ～ 17 世纪，随着西方科学技术进步与发展，人类科学在中世纪漫长的宗教神学统治过程中终于在科学研究方法上获得革命性的突破。这种突破主要体现在研究手段和研究思维两个方面。在研究手段上，以哥白尼、开普勒、伽利略、牛顿为代表的科学家发展了把观察实验和数学计算相结合的研究手段，这种研究手段导致人们发现"地心说"的谬误，从而推翻了自亚里士多德以来两千多年的宇宙图景。这种观察实验和数学计算相结合的方法所具有的"可重复观察"和"可反驳"的特征，使人类对自然世界复杂性的探索彻底摆脱了形而上学的束缚，使科学研究把客观观察实验和主观的思考分离开来。观察实验和数学计算在牛顿那里进一步得到有效的发挥，并积淀成一种被普遍接受的科学研究的传统。牛顿把这种自然科学的研究思想表述为："在自然哲学中就如在数学中一样，运用分析方法对艰深事物的考察应优于合成的方法。这种分析就在于进行实验和观察，用归纳法从它们中得出一般结论。"巴卡朵尔对这种把观察实验和数学计算的结合评价为："其统一导致了精确的可证实的观察经验数据与抽象数学关系的综合，通过把数学的确定性适当地赋予人类关于自然现象的知识，给牛顿的同代人留下了深刻印象，并使他们感觉到战胜自然的全新力量。"

在同一时期，科学研究领域的另一个重要突破来自科学理性思维的建立。17 世纪法国哲学家、物理学家笛卡尔在科学研究领域发展了科学理性思维的四条原则：①避免急躁和偏见。②把待解决的问题分解为尽可能多的和必要的部分加以解决。③只采纳清晰和独特的思想。④进行完整无漏的分析。

其中，第二条原则为人类应对现实世界的复杂问题开辟出还原分析的思维传统。这种还原分析的思想的主要特征就是将待解决的复杂问题分解为尽可能多的和必要的简单部分，并且通过分析这些简单部分的简单性质来理解复杂问题的性质。这是一种线性思维方式，它通过将复杂问题分解为具有简单性质的一般部分，从而达到认识和解决复杂问题的目的。从认识论来看，这种还原分析研究思想彻底割弃了亚里士多德的内在目的的形而上学的解释，它把自然世界的所有东西都看作同一机械规律支配的机器，并以此来解释存在于自然世界的复杂性。17世纪以来自然科学领域取得的伟大成就证明了这种还原分析的思维是行之有效的，它在自然科学领域逐渐构成科学研究理性的另一个重要组成部分。

从上述对科学理性的分析，我们可以看出从古希腊思辨哲学到近代自然科学，人类科学理性已从一种对人类生活于其中的世界的主观思辨过渡到对外在世界的客观研究，这种理性体现在人类自觉地采取了一种将主体与客体彻底分离的态度，通过采用观察实验和数学计算以及还原分析的方法来达到对外在世界进行客观研究的目的。英国系统学家切克兰德把这种起源于17世纪科学革命的自然科学领域的研究传统总结为三个原则：可还原性、可重复性和反驳性。这种理性为17世纪以来的自然科学领域带来了重要的贡献。然而，这种起源于自然科学领域的理性一旦涉足社会科学和人文科学领域就会面临巨大的挑战和困境，因为它遵循了价值中立的原则。关于这一点，我们需要进一步考察19世纪实证主义社会学家孔德的研究贡献。

孔德是19世纪30年代法国大革命后期涌现出来的哲学家和社会学家。他对人类科学理性的发展做出了两方面贡献：一是创建了实证主义哲学；二是采用实证哲学对近代科学进行梳理和分类并建立起一门关于社会的科学，即社会学。波兰哲学史家科拉可夫斯基将这种实证主义哲学思想归纳为四项原则：① 强调基于经验感知的现象主义，拒绝任何非经验的东西。② 反对非客观实在的唯名论或概念论。③ 坚持事实与价值的分离。

④ 提倡科学方法的统一。

在这四项原则中，前两项体现了实证主义最为重要的信条，即科学研究活动必须严格忠实观察和经验的陈述，通过观察或感觉经验去认识外在事物，拒绝任何以不可见的力量去解释世界。这两个教条体现出 17 世纪以来以观察实验为代表的自然科学研究传统。第三条事实与价值的分离的原则体现出实证主义强调把价值判断活动排除在科学研究活动之外的特征。第四条关于科学方法的统一则强调了实证主义为基础的科学研究方法，可应用于自然科学以外的其他科学当中。基于这些原则，孔德提出实证研究的四种方法，即观察法、实验法、比较法和历史法。

孔德对科学理性的另一贡献是在对科学的梳理和分类的基础上建立了社会学。他认为人类思想在对自然世界认识的过程中必然要经历三个阶段：神学阶段、形而上学阶段和实证阶段。实证阶段是在对神秘主义和形而上学拒斥的基础上通过经验观察等实证方法来获取现象的普遍规律。他根据人类科学的发展史把实验科学进行分类和排序，形成了物理学、化学、生物学、心理学和社会学的学科分类。其中，物理学被看作是最基础的学科，其他学科都是在它的基础上有层级地建构起来的，每一门科学都依赖于前行者为后行者铺平道路这个事实，层级越高，则研究的内容也就越复杂。社会学则被视为在所有科学理论知识之上的、用于解决复杂社会问题的最高层级的科学。

孔德这种科学分类的结果体现了人类的科学发展遵循了一种有序拓展的理性。但分类和排序同时也反映出一个严重的问题：在对科学的分类中，根据科学统一的原则把物理学作为实证主义研究思想的代表强行灌输于各门科学当中，在社会科学领域引起了很大的争议。这些争议表现在三方面。

第一，实证科学的理性是建立在可重复观察基础上的，然而人类生活世界的社会现实是动态发展的，研究者所观察到的现象不仅随时间和情境的变化而变化，还随观察者的世界观和价值取向的变化而变化。关于这一点，我们可以从第三章中关于维克斯的评价理论的模型图中洞察出。这种动态性导致实证科学所提倡的可重复观察原则和可反驳原则成了不可能。

第二，实证主义强调科学研究是建立在对外在世界的经验感觉的基础上的，然而在社会科学领域所关注的社会问题和文化现象不仅存在于外在世界，同时还存在于人类精神活动当中，这涉及一个看不见的意识领域。

第三，实证主义所倡导的事实与价值分离原则使传统实证科学以实验观察和数学计算为主要研究手段，它把所有关于现象的文化特征和人的内在价值的分析排除在外。这样的价值中立原则实际上是以一种实证主义的单一的价值观来审视意义丰富的、包含多元价值观的生活世界，从而排除了存在于人们精神世界的具有丰富意义的价值观和世界观等关键因素。

对实证主义的反思结果引出了社会科学研究领域对另一种哲学的关注，这正是后来现象学创始人胡塞尔创建现象学的主要思想来源。在胡塞尔看来，正是这种实证主义对外在世界进行观察研究的传统导致人类把科学知识与外在世界理所当然地紧密结合，当人们以这种实证科学的理性来研究内在的具有丰富主观意义的社会活动现象时，这种实证研究的方式和结果将不可避免地而缩小或歪曲了社会现实的本来面目，并给科学与文化带来了危机。为此，胡塞尔认为现象学的主要任务就是发展一门关于主体和主体间意向活动的哲学和方法论，使对社会科学的研究"回到事物本身"，其根本目的是还原人类生活世界的本来面目。对此他大胆表示："谁能够将我们从对意识的实体化中拯救出来，谁就是哲学的拯救者、哲学的缔造者。"

6.1.2 现象学思想原理

围绕着"回到事物本身"这一目标，胡塞尔在发展现象学过程中提出了现象学遵循的原则就是"任何原初给予的直观都是知识的合法来源"，这就是说原初地给予的直观（即现象）是任何知识的来源，他认为这种直观永远是实在的，任何人类知识包括最复杂的理论，归根结底都必定建立在直观的基础上，否则这些知识和理论将变为纯粹的独断论。从这一原则出发，他发展了现象学的方法论，其中包括了现象学还原与现象学描述。

胡塞尔的现象学还原就是将传统实证科学中对外在世界的认识还原到观察主体的内在直观认识。用胡塞尔的话来说就是"所有超越之物（没有内在地给予观察者的东西）都必须予以无效的标志，即它们的存在、它们的有效性不能作为存在和有效性本身，至多只能作为有效性现象"。在这里，还原的目的是要求观察者以一种不带有实证科学的假定、仅通过主体的意向活动来看世界，只有这样，看到的世界才是真实和全面的。

基于这种思想，胡塞尔在现象学还原中区分了人们认识世界的两种态度：一种是自然态度，即认为世界是客观存在并对此做出常识性判断的自发态度；另一种是现象学态度，即通过关注主体的思考内容和思考活动过程来认识世界。在胡塞尔的理论中，现象学态度被抽象为对"自我—我思—所思之物"这种精神活动的结构进行反思。在这种反思中，世界上所有存在的事物都成为纯粹的所思之物，我思是一种意向性活动，所思之物是意向性对象，现象学还原就是以现象学的态度来认识世界。为此，胡塞尔采用了"悬置"和"加括号"对自然态度进行处理，即放弃对一切有关世界存在的断定，把科学的、宗教的或日常生活方面对世界的看法统统放进括号进行存而不论的悬置处理。

现象学描述是在现象学还原的基础上，对意向性进行分析和描述，其目的在于"揭示那些隐含在意识中、关于现实性的潜在性，并由此对在意识中被意味的东西和对象性的意义进行解释、阐明，还有澄清"。现象学描述不是对事实的陈述和再现，而是对现象的一种可能的或潜在的描述。

从系统整体主义视角来看，现象学还原与现象学描述实际上在表达以一种整体主义的开放态度来鼓励人们从意识出发，直观地发现和洞察世界。现象学还原则帮助人们以直观的方式来看世界，通过将所有实证科学的各种理性的观点假设排除在现象分析之外，从而为现象分析者提供了一个无限开放和意义丰富的视域。在这个视域中，现象分析者可以通过描述、解释、区别和反思各种意向性活动和意向对象，最终使分析者更加自由和准确地认识、理解世界。在现象学还原中，对自然世界的悬置并不是缩小了我们认识的范围，相反，它扩大了我们的认识范围，使我们进入一个更加广阔的意识活动世界，在这个世界中，意识活动是自然世界所有理论概念的起源，因此，研究这个现象世界可使我们重新认识外在的自然世界。

胡塞尔在发展现象学的后期，把现象学研究范围进一步转移至人类生活世界，他认为生活世界是人类从事各种活动的唯一基础，是人类获取知识的唯一来源。生活世界是一个有意义的结构，它体现在主体间性的各种意向性活动当中。在这种转向中，原来现象学中意向主体的体验已变为主体间性的体验，现象学主体对世界的认识方式已从我的世界转变为我们的世界，这个生活世界是由主体间性的体验所构成的意向对象的相关物。要理解这些意向性活动所具有的意义，就需要采用整体论的研究方法进一步考察主体间性的实践系统和价值系统。在这个阶段，胡塞尔认为现象学的任务就是要返回构成任何意义的意向起源，据此，现象学出发点的唯一材料就是生活世界。

胡塞尔关于生活世界的现象学观点在美国哲学家舒茨那里得到传承和发扬，舒茨进一步拓展了胡塞尔关于生活世界和主体间性的理论概念。他认为日常生活世界是最高实在的，这个生活世界不是我个人的世界，而是相对我们所有人来说的共同世界，在这个世界中，我们的行动总是与其他人联系在一起的，在这种互动过程中就产生了具有意义的文化。基于对生活世界的实在性的关注，舒茨认为经验科学不是在先验现象学那里找到它们的真实基础，而是在关于自然态度的构造性现象学那里找到基础。为此，在现象学分析上，舒茨采用与胡塞尔现象学态度截然不同，但具有异曲同工之效的"自然态度现象学"，即把生活世界看作是最高的实在，并把所有对这个世界的怀疑都放入括号中，存而不论。舒茨的现象学分析就是发现那个世界的结构，考察构成知识储备的人类的行动类型是如何在社会结构中被确立、被分配和被报道的。

6.1.3 软系统方法论的现象学主张

软系统思想和软系统方法论是切克兰德在系统实践中对硬系统思想的反思中发展起来的，因此，要想清楚地理解软系统思想和软系统方法论所采用的现象学基础，我们需要把软系统思想方法与硬系统思想方法背后的哲学主张做一个比较。本书在第四章已明确指出硬系统思想所采用的哲学基础是实证主义。之所以说是实证主义，主要体现在三方面：第一，在对系统概念的理解上，硬系统思想把系统看作是构成外在世界的实体，这种实体化的系统概念在功能主义社会理论范式中得到进一步加强和完善，并逐渐成为一种用于描述现实世界的日常用语，该社会理论范式习惯把存在于现实社会中的组织描述为具有完整功能结构和目标的整体系统。第二，在解决问题过程中，硬系统思想所遵循的原则是一种"系统化的理性"，即一种"目标导向"的有组织、有步骤地追求整体优化的解决方案。其中，伴随着系统概念的实体化，系统的目标以及实现系统目标的过程也是实体化的。例如，在硬系统思想追求缩小目标状态 S_1 和当前状态 S_0 差距的过程中，目标是实在、可观察的。第三，硬系统思想领域中的模型通常可以通过数学公式或者具体的实物表现出来，它是对现实世界进行抽象描述和解释的实体工具，在此条件下，模型必须忠实于研究者所观察到的现实世界。

软系统思想方法在实践中充分考察了硬系统思想方法"系统化的理性"存在的不足，提出了"系统性""人类活动系统""整体子"等概念，这是以现象学态度对现实问题情境做出现象学还原的重要举措，其作用是确保问题研究者能够尽可能地"回到事物本身"去探明问题情境。软系统方法论的现象学主张体现在以下三方面。

第一，在对系统概念的理解上，软系统思想认为系统概念本身应是非实体化的认识论工具，即是一种存在在于头脑中的思想概念。在对世界的认识上，系统和系统模型是一种对现实世界的可能存在的描述，而不是真实描述。例如，我们用系统思想的视角来考察世界时，我们不能说"观察到的世界就是一个系统"，而只能说"观察到的世界像一个系统"。从现象学角度来看，把一个事物描述为一个系统，这个系统仅仅是一个存在于思想世界中的意向对象，而不是存在于现实世界中的实体。切克兰德在发展软系统方法论时，深刻地意识到传统"系统"概念经常被误用在许多并不具备系统思想的实体身上，导致了许多系统思想的误用。为了澄清系统概念和系统思想，他引入了"整体子"的概念来代替"系统"一词。"整体子"是一种非实物化的认识论工具，它在软系统方法论中为软系统思想实践者构建了许多关于人类活动的相关系统的概念模型，这些概念模型都是主观建构的产物，目的在于帮助问题研究者洞察现实问题情境，并产生可行的变革讨论。

第二，在软系统方法论中，对人类活动"意向性"的分析成为其探明问题情境的关键活动。例如，在软系统方法论构建中，切克兰德根据人类活动的意向性建立起一种为实现某种目的而展开的"人类活动系统"概念。在软系统方法论探询问题情境的过程中，探明人类活动的"意向性"成了建模和讨论的主要目标。在方法论早期的"七个步骤"模型中，方法论被分为现实世界活动和系统思想世界活动两类，其中，根定义和建模工作都属于思想世界活动，尤其是对人类活动系统的概念建模活动，它是一种对问题情境中人们主观意向活动的分析过程，这项活动本质上是采用现象学态度对现实问题情境进行一种现象学还原。

第三，随着软系统方法论在发展中不断走向了内化，方法论中具有"元层级"作用的反思活动被确立起来，在 2006 年切克兰德提出的软系统方法论 5 项活动中，反思活动包括了对方法论本身存在问题的反思、对问题情境的反思以及对方法论与问题情境之间适配性的反思，这意味着软系统方法论探询问题情境的现象学态度也日趋成熟，这些反思活动与现象学中"自我—我思—所思之物"的精神活动是吻合的。

从上述分析可见，软系统思想和软系统方法论在系统概念、建模和方法论反思等方面所遵循的总原则是一种对生活世界的现象学分析，即在考察生活世界的基础上，以现象学还原的方式进行系统建模，通过人类活动的意向性分析，尽可能完整、真实地探明问题情境中各种目的活动的意义。这个原则本质上是遵循了胡塞尔"回到事物本身"的现象学宗旨。

6.2 软系统方法论的社会理论基础

软系统方法论在探询由人类价值观和世界观差异引发的问题情境过程中，不可避免地会涉足社会科学领域对社会现实的研究。对社会现实的研究方法一直是社会科学领域最有争议的话题之一，直到现在，这种争议也未停止。这种争议主要体现在对社会现实研究的两种范式上，即实证主义与诠释主义。切克兰德明确指出软系统方法论建立来源于对现实问题情境的长期实践探索，其中马克思·韦伯所开辟的诠释主义研究传统为软系统方法论带来理论的指引和支持。为了阐明软系统方法论所涉及的社会理论基础，本文首先阐明功能主义和诠释主义两种研究范式的主要观点，然后探讨软系统方法论所采用的社会理论基础。

6.2.1 社会科学领域的两种研究范式

在人类科学中，社会科学研究与自然科学研究有很大的不同，这不仅是研究对象的不同，还是研究方法手段的不同。研究对象决定了研究方法的合理性。在自然科学研究领域，近代科学研究产生出"反复观察、可反驳、可还原分析"三项客观性原则，然而在社会科学研究领域这些原则将不可避免地被弱化、甚至失效。这是因为社会现实本身是一个动态发展的连续历史过程，而社会科学研究的对象常常是这一漫长过程中的某一片段。在这种情境下，要想找到一个类似自然科学研究中实验室的理想观察条件是极其困难的事。关于这点，本书在前面几章中都有提到过，在这里就不再重复分析了。对于社会科学研究的这种特殊性，英国哲学家波普尔提出一种关于社会科学研究的较中性的立场表述：社会科学问题的研究方法包括一个问题情境模型和一个理性原则及针对那个问题情境的理性活动。下面我们将进一步分析这种理性原则在功能主义和在诠释主义两种范式当中是如何发挥作用的。

（1）社会研究的功能主义范式。社会科学研究的功能主义思想传统最早起源于19世纪英国社会理论家斯宾塞用于解释社会演变的"适者生存"的社会达尔文主义模型。20世纪初，法国社会学家迪尔凯姆继承和发展了功能主义学说，成了这一研究传统的关键奠基人物。迪尔凯姆认为社会事实是社会学研究的基础和对象，这些社会事实是社会群组所突现出来的整体特征，而这些特征是凌驾于个体之上的。因此，他主张社会学研究应是采用客观态度和方法、对社会事实的研究，在这种研究中，研究者应避免根据个体的心理状态来解释社会事实。他在1895年的《社会学方法的规则》一书中明确指出：社会研究的"事实"是指那些"所有不能被精神活动所构想的知识客体，即那些精神活动之外的概念数据"，社会事实是外在于个体的社会群组的整体特征，把社会事实看作"事物"来考虑是社会学研究方法的第一条和最基本的规则。在这种规则下，对社会现象的解释要么是因果的，要么是功能的。对此他解释道："当对社会现象进行解释的时候，我们必须分别从产生它的动力因和它所满足的功能上去寻找答案。我们在目的或意图之前加上'功能'一词是为了表明社会现象的存在通常并不仅仅因为它们能产生有益的结果。我们必须探明在社会事实和社会机体之间是否存在对应关系……"

这个引述是一个对社会事实研究的功能主义立场的精确表述，即把社会系统看作是由多种功能活动构成的有机体。在这个机体内部，个体功能活动导致的结果将某种客观存在的社会事实呈现出来，因此，对这些社会事实的解释就需要追溯到社会系统整体的功能目标，从评价由个体活动产生的社会事实能否满足整体系统功能目标的对应关系上做出可行的因果解释。

（2）社会研究的诠释主义范式。社会学的诠释主义范式起源于 19 世纪初，以德国狄尔泰为代表的新孔德主义哲学家们对实证主义研究方法进行了反思。他们认为人类社会具有不同于自然世界的特征元素，如意义、符号、规则、道德规范及价值等，这些元素产生了人类文化并影响社会活动。因此，研究者不能简单地以自然科学实证主义方法来研究复杂的社会问题，而是需要从历史的维度以诠释理解的方式来处理这类问题。在这种思潮影响下，德国社会学家马克思·韦伯开辟了出"反实证主义"的诠释主义社会学。韦伯强调一切关于人类有意义行动的基本思考首先与"目的"和"手段"直接关联。他指出社会行动发生在人们具有目的倾向的交往活动中，社会学研究就是对人类社会行动的主观理解，通过理解行为背后的主观意义和价值来对社会行动的过程和结果予以因果性的解释。

对于上述这两种社会科学研究传统的地位的界定，我们可以从社会学家伯勒尔和摩根对社会理论的类型划分上获得有益的认识，见图 6-1。这种划分工作的初衷是基于社会理论背景来考察组织管理活动，由于这种类型划分是在考察各种社会理论的假设前提基础上进行的，因此它为跨学科研究的系统思想实践者带来丰富的启发，它为系统论的实践者们寻求方法论的理论支撑提供了帮助。这个分类图由两个维度构成，横向维度代表着社会理论创建者对社会事实研究的两种态度，主观和客观两个极端。纵向维度则代表着改变社会的两种态度，一种是遵循传统规范的态度，另一种是采用激进变革的态度。

切克兰德在 1981 年《系统思想，系统实践》一书中明确指出软系统方法论是在诠释主义范式下建立和发展起来的。具体地说，它涉及图 6-1 虚线框中狄尔泰解释学、舒茨的现象学社会学以及哈贝马斯的批判理论。

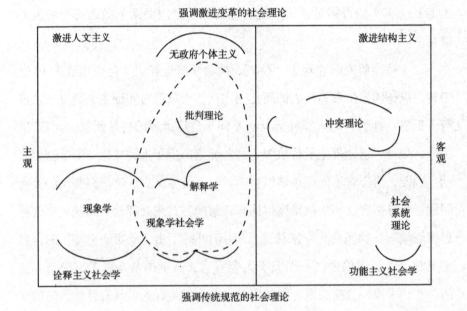

图 6-1　伯勒尔和摩根对社会理论的分类

6.2.2 基于狄尔泰解释学的分析

作为当代诠释主义社会学研究范式的思想启蒙者，德国著名历史学家、哲学家狄尔泰深刻地指出在人类生活世界是有时间结构的，人类生活的每一刻承负着对于过去的觉醒和对于未来的参与。人类生活的主要内容由体验、表达和理解三种活动构成。其中，体验是人类在与生活世界发生交互作用的过程，人类通过体验获得了对世界的感知经验。表达是作为社会一份子的人类个体与其他人分享和交流经验的活动过程。体验与表达两项活动产生出了人类生活的丰富意义，这种意义反映了不同个体独特的内在精神世界，包括经验、思想、情感、记忆和欲望的人类生活内在结构。对于这种生活意义，狄尔泰指出："一个由精神创造出来的结构可以进入感官的世界并且得到实现，而我们只有通过洞察存在于这种世界背后的东西，才能理解这种结构。"狄尔泰对人类生活世界的认识带给我们一个关于人类生活世界复杂性的初步图景：即人类生活世界绝不像物质世界那样缺乏理性，相反，人类世界包含了丰富的理性，其中，意义是人类生活的前提，而理解则是把握这些意义的基本手段。因此，研究这类问题不能像自然科学研究那样，把它当作外在的东西，而应把它当作人类精神世界内在的东西并用诠释的方式来理解它。为此，他倡导用诠释循环的方式来理解生活的意义。狄尔泰的诠释循环是一种涉及部分与整体之间的解释关系，他认为历史可以看作是由部分事件构成的连贯体，只有了解部分事件，才能还原历史的客观性，然而在认识部分时又必须理解整体（如历史文化背景），因为部分只有与整体联系起来才能获得意义。因此，在诠释和理解的过程中，部分与整体间的关系是相互依赖的。

切克兰德软系统方法论与狄尔泰的解释学存在很大关联性，这反映在三方面。第一，他们所关注的核心内容是一致的，都强调了对生活世界中人类活动背后的意义的理解。在研究目的上，软系统方法论强调的是通过学习理解的方式来改善问题情境，解释学则强调以理解的方式来认识人类生活世界。第二，虽然在研究方法上，软系统方法论注重的是利用系统思想来探明问题情境，解释学注重的是从心理学的精神分析来理解生活的意义，但是它们在一些分析的技术手段上是相似的。例如，切克兰德软系统方法论把方法论的实施过程看作是一个学习循环系统，这与狄尔泰解释学所采用的诠释循环的原理是一致的。关于这一点，切克兰德在他的多本著作中都表示了肯定，他积极地把这种诠释循环的思想扩展到软系统方法论的所有反思活动当中，包括他对软系统方法论三十年发展的回顾反思活动。第三，在软系统方法论中，根定义、建模等环节所使用的"世界观"一词也与狄尔泰的理论密切相关。切克兰德也毫不掩饰地表明世界观概念在软系统思想及方法论中占据重要地位，它直接取材于狄尔泰1931年发表的关于"维特沙"的结构理论。狄尔泰把"维特沙"看作我们对世界的认知描述、我们对生活的评价、我们关于生活之道的理想。在软系统方法论中，切克兰德把这个"维特沙"看作是人类目的活动的主要来源，是研究问题情境的先决条件。因此，在方法论各个环节中，包括建模、比较和讨论等活动中，实质上都是围绕着建构、发现和安置这些存在于问题情境的"维特沙"而展开的。

6.2.3 基于韦伯诠释主义社会学和舒茨现象学社会学的分析

狄尔泰富有真知灼见的思想深深影响了20世纪以来的人文科学及社会科学领域的学者，其中社会学家马克思·韦伯在吸收狄尔泰关于意义和理解的观点基础上，把它与李凯尔特的价值学说结合，进而形成了韦伯诠释主义的社会研究理论。韦伯认为人类社会由许多活生生的个体组成，每一个人都具有一种对世界进行表态的价值态度，因此在每个人眼中，这个世界的图景可能都是不同的。在人类生活世界中，人类依据某种价值观念参与活动并与一定的外在之物发生关系形成价值判断，因为有了价值判断，所以才有了狄尔泰所谓的生活意义（韦伯术语称作"文化意义"），由于每个人的价值观不尽相同，所以生活意义也是无限丰富的。因此要理解生活意义，研究者必须返回发生价值判断的主体和客体，即那个时段人们采取的价值态度和当时的外部实在的情境来加以分析。据此，他认为社会科学研究对象是有意义的社会行动，探求这些社会行动背后的独特文化意义是社会科学方法论的主要目的。从韦伯的观点看，人类生活世界有组织的复杂性体现在一个时间结构当中人类做出价值判断这项活动，它涉及人们当时的价值观和世界观对所处的问题情境的作用。

　　由于价值判断的动态多样性，韦伯认为现实世界是传统自然科学研究方法无法应对的意义丰富的混沌世界。因此，在解释这类复杂问题时，他主张采用移情的方式，对目的和手段进行价值分析。在价值分析的过程中，他发展了基于"理想类型"的分析方法，即在价值中立的原则上，对由行动者参与的各种联系和事件进行陈述和分类。尽管"理想类型"这个概念在韦伯之前就已经以不同形式出现于学术领域，但在韦伯的诠释主义社会理论中，"理想类型"成了一种重要的认识论工具。"理想类型"用来描述文化事件的过程，它是一个主观设想事件过程的思想图像，并非对事件真实的描述。韦伯称之为"理想图像"或"思想图像"。他在 1904 年发表的《社会科学认识和社会政策认识中的"客观性"》一文中解释道："这种思想图像将历史活动的某些关系和事件联结到一个自身无矛盾的世界之中，这个世界由设想出来的各种联系组成，这种构想包含着乌托邦的特征，这种乌托邦是通过在思想中强化现实中的某些因素而获得。"从发生学角度看，"理想类型"具有相对性和暂时性特征，它是研究者对某一时期某一背景下的生活事件的内在联系和行动过程所构建的思想图像，但随着时间推移、人们认识水平提高以及生活事件的变迁，原有的思想图像将被新的思想图像代替。

　　在韦伯的社会研究的方法论中，"理想类型"作为一种认识论工具被用来比较、衡量现实文化事件，并以此来启发研究者去理解文化事件的真实意义。韦伯以研究中世纪的基督教的信仰为例来描述"理想类型"的应用，他谈道："当所有基督教信仰'本质'的描述被看作是经验存在的历史描述时，它的有效性是短暂的和成疑问的，与此相反，当它们（关于信仰的理想类型）被用作比较和衡量实在的手段时，它们会给研究带来高度的启发价值。"韦伯认为"理想类型"的高度的启发价值在于：当研究者把主观构想的"理想类型"与现实事件相比较时，如果发生偏离，则达到了"理想类型"运用的逻辑目的，因为这使研究者获得了关于现实事件的新的知识，并引导研究者对现实事件的理解迈向一条更为精确的道路。

如果说韦伯的"理想类型"的研究方法过于主观和缺乏系统的组织，那么舒茨的现象学社会学是韦伯诠释主义传统的一个重要的补充和完善。舒茨的贡献在于他为韦伯的诠释主义找到了坚实的哲学基础。舒茨在发展现象学社会学过程中关注到对"意义的理解"是胡塞尔发展现象学哲学和韦伯发展诠释主义社会学所关心的共同问题。舒茨认为，尽管胡塞尔的现象学理论较少触及社会科学领域，但是现象学关于生活世界问题的分析给社会科学研究带来了哲学基础。为此，他把胡塞尔晚期的关于生活世界现象学的思想应用于社会科学研究，这种现象学准确地说不是先验主义的现象学，而是自然态度的现象学。之所以说是自然态度的现象学，是因为舒茨把生活世界看作最高实在，并取消了对自然态度的悬置，即生活世界中有关世界和人际关系的存在的基本信念是人类认识的出发点，如果我们在生活中没有发现这些基本信念出现问题，就没有必要去怀疑和修改这些信念。

在这种自然态度的现象学分析中，舒茨认为人们从一开始就应采用分类方式来观察外部世界，即通过一个熟悉的分类图谱来观察和解释世界。这是因为在生活世界中，这种分类很大程度上来源于生活世界并得到生活世界的承认。已经存在的分类经常被人们当作一种标准而制度化，它们不仅获得了传统习俗的认可，甚至还获得了法律程序的支持。人类对生活世界的知识储备主要体现在这些具有主体间性的行动类型划分上，这些构成知识储备的活动类型来源于社会结构，知识是在社会结构中被确立、被分配和被报道的。对于一些偶然出现的社会活动，可以从分类视角考察其可能存在的相关性。可见，舒茨的自然态度现象学分析为人类探明生活世界这些主体间性的活动提供了一种哲学指引。

在理解了韦伯的诠释主义社会研究理论和舒茨的自然态度现象学

之后，我们也许会发现切克兰德的软系统方法论所进行的根定义和建模等工作，实际上与韦伯的"理想类型"和舒茨现象学中对主体间行动的类型分类是相通的。关于这一点，切克兰德本人在 1981 年的《系统思想，系统实践》一书中也表明：软系统方法论与韦伯的理想类型和舒茨的现象学社会学在方法论上密切相关。这种关联性主要体现在两方面：第一，软系统方法论建模工作是研究者用系统思想对问题情境中人类活动模式的主观建构，这种主观建模是基于研究者对生活世界认识而展开的，其目的是尽可能发现现实世界中人类活动背后的价值观和世界观。软系统方法论这种建模工作的本质与舒茨的自然态度现象学分析十分相似，即对问题情境进行分类和比较，在比较中，研究者对问题情境的认识更接近于真实，现实世界知识图谱得到不断扩展。第二，软系统方法论对人类活动系统的概念模型与韦伯的"理想类型"有异曲同工之效。模型作为一种纯粹的认识论工具被用于与现实世界进行比较，比较目的在于发现那个问题情境的真实状况并进一步引发改善问题情境的讨论。在比较过程中，概念模型与现实差距越大，则越有利于研究者发现问题根源所在（即价值观和世界的差异）。通过比较和讨论，最终促使一种合乎系统需要和文化可行的改善方案的产生。

6.2.4 基于哈贝马斯批判理论的分析

德国哲学家哈贝马斯是当代西方马克思主义法兰克福学派的一面旗帜。他的思想庞杂而影响深邃，被公认是"当代最有影响力的思想家"。本节主要从哈贝马斯的三种兴趣和两种理性出发探讨其与软系统方法论内在关联性。我们以他的作品《认识与兴趣》一书作为出发点。哈贝马斯在该书中指出人类的认识活动不是在纯粹的理性思考当中形成的，而是在一定社会历史的背景下，人们交往过程中形成的。在这个背景下，人类的认识活动源于兴趣，兴趣是认识当中的主客体关系的基础。那么什么是兴趣呢？他认为兴趣是人类认识的前提，兴趣是人类维持自身存在和人类组织扩大再生产的基本条件，它是劳动和相互作用联系的基础，是人类实现其生存目标的一种手段。他把兴趣分为三种：技术的兴趣、实践的兴趣和解放的兴趣。技术的兴趣是人们试图通过技术占有或支配外部世界的兴趣，它推动着自然科学思想和研究发展。实践的兴趣强调维护人际间的相互理解以及确保人类达成共同的目标，它是人文科学和社会科学发展的主要动力。解放的兴趣强调人类自有的、独立和主体性的兴趣，其目的是"把主体从依附于对象化的力量中解放出来"，努力在人与人之间建立一种没有统治的交往关系。解放的兴趣通过反思活动来实现，他认为在科学研究的方法论中，只有通过反思才能使认识和兴趣得到统一。哈贝马斯认为人类社会活动在技术的兴趣和实践的兴趣指引下形成两种理性：目的理性和沟通（交往）理性。

哈贝马斯在社会研究领域认为人类具有沟通的天性，他倡导人们在日常生活世界中应该具有在目的理性和沟通理性之间进行选择的自由。然而，他在功能主义研究范式中却发现人类行动完全被制度化，即在功能主义范式下组织内部人类个体的言行都是为了实现组织整体系统的功能目标而展开的。在此状态下，人类追求自由沟通和追求达成共识的理想就被无情地抹杀。为此，他在 20 世纪 80 年代对帕森斯的功能主义展开了批判，批判的主要对象之一就是功能主义所采用的系统理论。哈贝马斯认为功能主义强调的对系统目标的追求必然导致人类对目的理性的崇拜。随着组织制度的科层化或官僚化，组织更多地被看作是一个目标导向的多层级控制系统。随着商品经济的普及，社会分工和商品流通交换必然导致了社会系统内部个体之间交往的文化价值逐渐被货币化，在整个社会的内部和外部，功能主义的物化模式由此进入了人类生活世界的文化领域，获得了对后者的主宰权力。这种实物化的科学思想对人类生活世界的侵蚀反映在系统的理论逐渐进入人类生活世界，并对后者形成了一种内部殖民化。在这种殖民化过程中，货币和权力逐渐渗入生活世界并成了一种个体之间、组织之间交易的中介，并且这个交易过程可以堂而皇之地用"系统"的术语来加以管理，即在功能主义范式下，人们可以通过系统的概念和理论来描述、解释和建构这个世界。

在这里值得强调的是，功能主义所采用的系统理论与切克兰德的系统思想有本质的区别，这主要反映在他们运用系统思想概念的哲学立场的差异上。功能主义遵循的是实证主义，它强调把系统思想概念以实体化形式加以应用，在解决问题过程中，它遵循系统化的理性来实现对系统目标的追求。而软系统思想采用的是现象学立场，它把系统思想看作是一种认识论的分析工具，在解决问题过程中，它遵循了系统性的理性来实现对系统内部关系的理解、维持、协调和修改。可见，哈贝马斯对系统的理论的批判实质上是对基于实证主义的硬系统思想系统理论的批判。虽然人们对软和硬两种系统思想的认识还比较模糊，但是哈贝马斯当时对功能主义所采用的系统理论的批判为我们识别软系统方法论的哲学立场和社会理论基础起到很好的阐释作用。

软系统思想和软系统方法论与批判理论的关联性主要体现在哈贝马斯的解放的兴趣和实践的兴趣两个方面。从解放的兴趣来看，切克兰德软系统方法论是在反思硬系统思想的基础上发展起来的，反思活动不仅是软系统思想和软系统方法论发展的原动力，同时还是软系统方法论中的重要组成部分。2006年的《学习行动》一书中，切克兰德把反思活动看作是方法论中的第五项活动，这是一项"元层级"的思想活动。方法论的反思活动不仅反思方法论本身，还反思问题情境以及方法论与问题情境之间是否匹配。切克兰德认为软系统方法论实质上是一个不断学习反思的过程，反思带来了学习并使认识问题情境的能力得到提高。可见，哈贝马斯这种解放的兴趣渗透在软系统方法论过去三十多年的发展中，它成了软系统方法论的核心活动。

从实践的兴趣方面来看，软系统方法论起源于行动研究，它注重参与和沟通的重要性。在改善问题情境方面，软系统方法论强调研究者以参与者的方式介入问题情境，通过面对面的交流探询问题情境中各种世界观的差异，并组织人们开展寻求改善问题情境方案的讨论，讨论的目的在于寻求一种可包容不同世界观的解决方案，这种解决方案既是合乎系统需要的又是文化可行的。

第七章　对软系统思想及软系统方法论的评价

7.1 系统思想领域的一次范式革命

软系统思想和软系统方法论是在 20 世纪 70 年代的系统运动当中涌现和发展出来的一种解决人类事务问题的应用系统思想和系统方法论。从系统思想的突现和层级的理论视角来看，它是在一定历史和文化背景下，系统实践者们不断反思、实践的结果。更加深刻地说，它是人类用系统思想在解决现实问题的系统实践中，通过不断反思系统思想概念和系统方法论背后的哲学立场、社会理论基础以及人类社会管理活动的本质而逐渐形成的。从软系统方法论产生的过程来看，它并不是纯粹学术研究的产物，而是在长期的"实践—反思学习—再实践"的系统实践过程中磨炼出来的成果。英国学者迈克尔·C.杰克逊对此评价道："这个成果是系统思想领域内的一次范式革命，它使系统科学从智力上摆脱传统的束缚，同时也让组织管理者更清楚地认识这门学科。"本书认为切克兰德的软系统思想和软系统方法论是系统运动史上的一个重要里程碑，它为当代系统思想和系统实践的发展带来了三个重要范式转变。第一个转变是从实证主义向现象学转变，第二个转变是从功能主义向诠释主义转变，第三个转变是从目标追求向关系维护转变。下面本书将详细探讨切克兰德软系统思想及软系统方法论带来的影响和意义。

为了清楚地理解这个系统思想领域内的范式革命，本书首先需要阐明软系统思想赖以形成的那个历史时期系统运动的概貌。根据切克兰德在1981年《系统思想，系统实践》一书中对系统运动早期成果的描述，系统运动要表达的东西就是科学领域那些以系统整体论的思想来解决人类世界存在的各种有组织的复杂性问题，系统运动就是用这种系统整体论而非机械还原论来解决现实世界有组织的复杂性问题的所有努力活动的集合。系统运动始于20世纪40年代贝塔朗菲一般系统论的建立。切克兰德分别以图7-1和图7-2的形式对系统运动的内容进行描述。

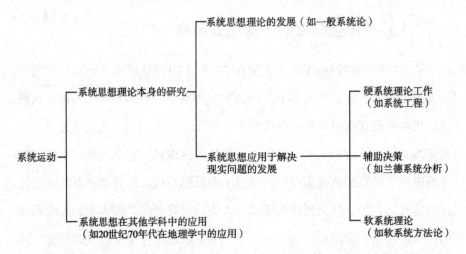

图7-1 20世纪40～70年代系统运动内容的划分

从图7-1中看出，系统运动的主要内容主要分布在两方面，一是对系统思想理论的基础研究，二是对系统思想理论的应用研究。而切克兰德的软系统思想及方法论就是系统思想应用研究中涌现出来的一种思想理论。图7-2勾勒出20世纪40～70年代的系统运动中各种系统理论之间的发展关系以及系统思想与其他学科之间的关系。由图7-2看出，系统思想基础理论形成和发展的早期思想主要来源于生物学和工程学领域的研究成果，例如，19世纪末20世纪初生物学领域对生命现象的有组织复杂性的研究结果产生了一种关注整体系统内在联系的"机体论"，这种机体

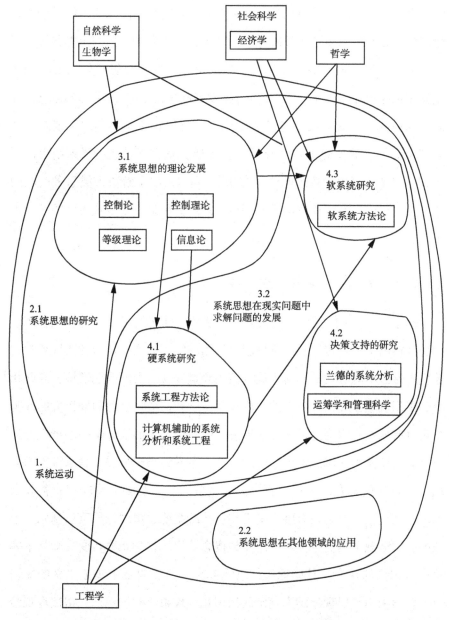

自然科学
生物学

社会科学
经济学

哲学

3.1
系统思想的理论发展

控制论　　控制理论

等级理论　　信息论

4.3
软系统研究

软系统方法论

2.1
系统思想的研究

3.2
系统思想在现实问题中
求解问题的发展

4.1
硬系统研究

系统工程方法论

计算机辅助的系统
分析和系统工程

4.2
决策支持的研究

兰德的系统分析

运筹学和管理科学

1.
系统运动

2.2
系统思想在其他领域的应用

工程学

图 7-2　20 世纪 40 ～ 70 年代系统运动的概貌

论的学说后来被贝塔朗菲等生物学家发展，形成了一般系统论。早期的系统思想基础理论的另一来源是工程学领域的控制论和信息论。由于受到工程学实证主义哲学思想的影响，早期系统思想理论的哲学基础主要采用了实证主义。这些系统思想的基础理论随后在解决现实问题的系统实践中直接影响了硬系统思想和软系统思想。其中工程学领域的控制论思想及实证研究的传统极大地影响了硬系统思想的发展。软系统思想是在反思硬系统思想的基础上，通过开展行动研究发展起来的。它对硬系统思想的反思不仅体现在处理人类事务的方法论上，还体现在对早期的系统思想基础理论和概念的反思上。切克兰德的主要贡献在于他重构了系统思想的基础（包括系统思想概念和哲学主张），同时发展了解决人类事务问题的软系统方法论。下面让我们接着探讨软系统方法论带来范式革命的三个主要转变。

7.1.1 从实证主义向现象学转变

20 世纪 70 年代在兰卡斯特大学开展的行动研究成果促使切克兰德意识到这样的事实：传统硬系统思想所采用的物化的系统概念和实证科学的建模思想已不能有效处理由人类价值观和世界观引发的问题情境，与此相反，采用现象学和诠释主义的态度来看待问题情境将会使问题情境的改善变得卓有成效，因为这种态度能够使研究者更加全面地分析问题情境，这也是系统整体主义思想倡导的理念。从发生学的角度来看，软系统思想和软系统方法论是在对过去上百个问题案例的研究基础上发展和完善起来的。确切地说，它是在对硬系统思想和传统系统思想理论的反思基础上形成的，它体现了切克兰德对系统思想概念认识的哲学态度转变，即从本体论向认识论的转变。具体地说，就是放弃了原有的基于实证主义的知识观，转而采用了以现象学为基础的知识观。现象学知识观把一切被直观给予的东西（胡塞尔称为意向对象）都看作是知识的有效来源。在这种新的知识观下，系统思想概念的表述以及处理现实人类问题情境的方法论也都相应发生改变。这些改变体现以下三方面。

第一，在对系统思想概念表述方面，软系统思想拒绝把系统概念实物化的传统观念。它把系统看作是一种认识论的分析工具，这种分析工具中包含了突现与层级、通信与控制等整体论和控制论的思想。例如，在对世界描述上，我们不能说"观察到的世界就是一个系统"，而只能说"观察到的世界可以被描述为一个系统"。为了把软系统思想与传统实物化的系统思想区别出来，切克兰德特引入"整体子"概念来代替"系统"一词的使用。整体子是一种认识论工具，在使用过程中，它被赋予了关于系统的整体论和控制论的思想特征。

第二，在处理问题情境方面，软系统思想认为生活世界之所以存在丰富的意义，其主要原因在于人类目的活动总是与价值判断活动相联系。为此，软系统思想采用了自然态度的现象学分析来考察现实生活世界中各种相关的人类活动模型。在这里，实证主义强调的事实与价值的分离原则已经失效了。在软系统方法论中，模型代表某种价值观和世界观支配下的人类目的活动的方式。研究者可根据问题情境中人类活动可能存在的价值观和世界观建立相关目的活动的整体子，这些整体子在此后与现实世界的比较过程中，将得到进一步的澄清、修改和完善。建模和比较活动使人们对问题情境的认识更加精确。

第三，在软系统方法论实施过程中，随着软系统方法论不断走向内化，方法论中具有"元层级"作用的反思活动被确立起来，反思活动包括了对方法论本身存在问题的反思、对问题情境的反思以及对方法论与问题情境之间适配性的反思，这些反思活动与现象学中"自我—我思—所思之物"的精神活动是相吻合的。

总体来看，软系统思想方法在实践中充分考察了硬系统思想方法基于实证主义的"系统化的理性"的不足，进而提出了"系统性""人类活动系统""整体子"等概念，这是以现象学态度对现实问题情境做出现象学还原的重要举措，其作用是确保问题研究者能够尽可能地"回到事物本身"去探明问题情境。

7.1.2 从功能主义向诠释主义转变

在 20 世纪 70 年代系统运动进程中，切克兰德意识到系统思想早期理论（如贝塔朗菲的一般系统论）是以牺牲内容来换取普遍性的，导致那段时期的系统思想"有意义但不辉煌"。为此，他认为系统思想的发展出路在于对现实世界特定问题情境的解决，而不是对一个完美理论的构建。在系统实践进程中，系统思想在解决人类社会复杂的问题情境时，不可避免地会涉足社会科学领域丰富多样的社会现实研究，由此，系统思想与当代社会学理论产生了密切的作用关系。

这种密切的关系最先体现在功能主义与硬系统思想之间的关联上。切克兰德指出，自 20 世纪初法国社会学家迪尔凯姆开辟了社会学研究的功能主义传统以来，功能主义就一直遵循把社会事实当作事物来研究的基本原则。根据这个基本原则，社会学的解释要么是因果的，要么是功能的。在功能主义研究范式中，系统概念和相关理论成为重要的研究手段。例如，迪尔凯姆把社会系统看作是一个关系的集合，这个关系集合所突现出来的整体特征代表了社会现实；帕森斯把生物领域的控制论的思想作为构造其关于社会系统四个功能规则的理论基础。对此，切克兰德指出：功能主义与系统论的关系如此紧密，以至于许多学者把系统理论看作是功能主义的另一种形式。这种观点在系统思想的哲学主张尚未明确提出的早期阶段显得尤为严重。关于这一点，我们可以从哈贝马斯在 20 世纪 80 年代对系统理论的批判中窥得端倪。

然而，对于这种观点，切克兰德敏锐地指出，这种看法是一种"很有局限性的错误观点"。这是因为功能主义采用的系统思想仅代表硬系统思想，而不代表系统思想的全部内容。他尖锐地指出，硬系统方法在分析现实世界人类问题时，显然是做出了一个实证主义的假定，即在现实世界中有一个这样的系统，这个系统的目标能够加以界定。根据这个假定，硬系统方法论便与结构功能主义的社会学研究范式联系起来，一种"目标导向"的人类活动模型便建立起来。

硬系统思想与功能主义研究范式的关联性主要体现在三方面。首先，在研究态度上，它们都采用了实证主义的假设。例如，在系统概念的理解和使用上，硬系统思想和功能主义都遵循了把系统概念实物化的原则，并把这种系统概念应用于外在世界的描述上。其次，在解决问题过程中，这种实体化系统被赋予了系统整体论和控制论思想，因此一个系统往往被看作是一个"目标导向"的实体。这个目标就像是一个负反馈控制中的基准信号，引导着系统的输出不断地缩小与目标的差距。此外，被物化的系统概念在功能主义那里得到进一步加强和完善。在系统运动早期，系统思想（如一般系统论）的哲学主张尚未明确提出的时候，发源于工程领域的硬系统思想率先被应用于社会学研究领域，并成为功能主义的核心组成。功能主义的基本原则是把社会事实看作"事物"来考虑，社会事实是指那些精神活动之外的所有概念数据，社会群组的整体特征就是由这些社会事实构成的。从功能主义视角来看，对社会事实的解释就需要追溯到社会系统整体的功能目标，从由个体活动产生的社会事实能否满足整体系统功能目标的贡献关系上，做出可行的因果解释。可见，功能主义的社会研究思想很大程度上是用一种与系统目标相适应的单一价值观来评价和考察多样性的生活世界，因此它在很大程度上束缚了我们对生活世界丰富意义的理解。对于功能主义的这种不恰当性，哈贝马斯在 20 世纪 80 年代也曾做出激烈批判，他指出功能主义这种实物化的思想对人类生活世界的侵蚀，反映在系统的理论逐渐进入人类生活世界，并对人类生活世界形成了一种内部殖民化。

考察到结构功能主义在解释社会现实方面是一种非常有限的方法，切克兰德在实践反思中最终迈向诠释主义的研究范式，特别是在现象学和诠释学基础上发展了他的软系统思想和软系统方法论。韦伯的诠释主义认为社会学研究就是对人类社会行动的理解，通过理解行为背后的主观意义和价值来对社会行动的过程和结果予以因果性的解释。沿着韦伯思想前进，切克兰德进一步追踪到胡塞尔的现象学。胡塞尔现象学分析表明我们所关注的对象是关于我们对世界思考的内容，而不是独立于我们的世界本身。在诠释主义社会研究范式中，舒茨的现象学社会学发挥了重要作用，舒茨的自然态度的现象学不仅为韦伯的"理想类型"研究方法提供了哲学基础，同时还启发了方法论使用者需要从社会结构（包括政治文化因素）的维度来考察那些生活世界中作为知识储备的各种主体间活动的类型。

切克兰德的软系统方法论采用诠释主义研究范式的根本目的在于扩大人们对生活世界所包含的各种意义的理解，这也遵循了系统整体主义思想的宗旨。为此，切克兰德把探明问题情境中各种目的活动背后的意义看作是软系统方法论的核心活动。其中观察、建模、比较、讨论等重要活动都是围绕着理解问题情境中各种目的活动背后的意义而展开的。建模过程就是构建类似于韦伯的"理想类型"，构建活动的本质就是以一种自然态度对现实世界各种主体间的活动进行分类。建模之后就需要和现实情境进行比较，比较的目的在于通过分析模型与现实之间的差异来探明问题情境，两者差异越大，就越有价值。比较的另一作用在于引发对问题情境改善的开放式讨论。在软系统方法论中建模、比较、讨论是反复循环的过程，问题情境随着时间变化而变化，因此方法论可看作一个进行永无止境学习的系统。

通过上述的比较分析，我们可以清晰看到在解决人类有组织的复杂性问题当中，硬系统思想采用了功能主义的社会研究范式，软系统思想采用了诠释主义的社会研究范式。切克兰德的软系统方法论为系统方法论和系统实践带来一种新范式。表 7-1 将系统方法论的这两种研究范式做了归纳和总结。

表 7-1　功能主义与诠释主义两种范式下的系统方法论

功能主义范式下的系统方法论	诠释主义范式下的系统方法论
把现实世界看作系统，采用物化的系统概念	现实世界并非都是系统；系统是主观建构的认识论工具
用系统术语去描述、分析问题情境	对问题情境的分析可采用创造性的方式来进行，采用系统思想主观建构是一种有用的方式
根据现实问题情境建立模型，模型是对现实的抽象，使人们获得有关这个现实世界的知识	所构造的模型是关于人类活动系统的"理想类型"，不是对现实的真实描述
模型是分析问题、寻求解决问题、实现系统目标的工具	模型被用来探明问题情境，是帮助人们获得求同存异解决方案的手段
在追求整体优化、实现系统目标的机制下，采用定量分析是非常有用的	在探询人类问题情境中，定量分析发挥的作用不大
方法论解决问题的过程是系统的，目的在于实现组织目标、提高组织生存能力	方法论解决问题的过程是系统的，旨在探明问题情境和改善问题情境
采用专业人员和专业知识去解决问题	以参与的方式进入问题情境，组织利益相关者展开对话，在讨论中寻求改善问题情境
强调用效率和效能来评价解决方案	强调用关系维护的效果来评价解决方案

7.1.3 从目标追求向关系维护转变

本书在第三章曾对"目标追求"和"关系维护"两种组织管理思想进行了深入的探讨。这两种管理思想的来源可以追溯到 19 世纪社会学家斐迪南·托尼斯提出的基于血缘关系的共同体和基于契约关系的社团这两种组织形态。随着人类社会分工和商品经济的发展，基于契约的社团形态逐渐占据了社会主导地位并影响了人们对组织的理解。与此同时，在当代功能主义思潮的影响下，硬系统思想追求系统目标实现的"系统化"的理性为这种基于契约关系的组织形态管理提供了有效的方法论指引。在管理科学领域，管理学家西蒙建立和发展了"目标导向"的决策模型，为组织管理效率提供了支持。在这样的背景下，一种追求组织目标实现的组织观和管理思想被建立起来。

然而，这种"目标导向"的组织观和管理思想却是一种很有局限性的视角，它并不能帮助我们看清社会现实的全部。19世纪德国著名历史学家、哲学家狄尔泰曾深刻地指出：人类生活具有时间结构，在这种充满意义的时间结构当中，一个人的经验能够唤起自己的思想和情感，引起自己的行动，同时也能够影响他人的思想、情感和行动，人类生活历史就是这种相互作用的连续过程。德国社会学家托马斯·卢克曼在《关于现实的社会构造》一书中指出：人类组织应看作是人类社会发展进程的产物，组织是这个进程中所产生的社会现实的一部分，而不应是客观独立的整体。对于社会现实本质的理解，英国系统学家维克斯在"评价系统理论"中指出：人类生活世界是由人们的思想观念和各种事件构成的，它们彼此影响，共同缔造和延续了人类社会现实生活的洪流。在此社会现实洪流发展的过程当中，人类的自我意识产生了一种评价活动，他们能够从社会现实的洪流当中获得经验知识，并形成自己的事实判断和价值判断的标准，根据这些标准，人类将选择和决定进一步参与生活世界中的各项事务活动，这些选择和决定将被输入社会现实的思想流程当中，随后产生的行为也将构成社会事件流程的新内容。随着时间的推移，人类的这种评价活动也将连续、反复作用于社会现实的两股流程并构成社会进步与发展的历史进程。

可见，从社会进步与发展的历史进程来看，社会现实的内涵是丰富的，目标追求活动仅是其中的一小部分。在组织管理领域，英国系统学家维克斯的"评价系统理论"表明：在现实世界的政府管理、组织管理甚至是个人生活领域中，除了有追求目标的活动，还存在着另一种活动，这种活动目的在于使组织的内部与外部动态变化的环境之间能够维持某种期望的关系。

切克兰德在发展软系统方法论的时候，深刻领悟到硬系统思想方法在实证主义和功能主义的研究范式作用下，其"价值中立""目标导向"和"系统化"等原则在识别问题情境和改善问题情境过程中不可避免地会陷入困境。为此，切克兰德指出，在探询人类问题情境中，硬系统思想在解决问题的过程中所遵循的系统观念一直是系统化的而不是系统性的。从系统运动的角度来看，这种系统性观点倡导人们以整体主义的视角去看待世界，这是系统运动的出发点。对系统性的应用就是用一种系统整体论来认识世界和解决现实问题，即从整体的角度对各种作用关系进行考察，从系统组分之间、组分与整体系统之间以及整体系统与外部环境之间的相互作用关系中，全面地认识世界和解决现实世界中的问题，问题是在关系的识别、协调和改善中得以解决的。

在把这种系统性的观点运用于解决现实社会中人类各种事务时，切克兰德在维克斯的"评价系统理论"那里发现了"系统性"在描述社会现实图景时的重要价值：在人类社会中，人们总是通过评价活动与其他人和事发生这样或那样的关系，这些关系构成的总和便形成了社会现实的真实图景。根据这种社会现实图景，组织管理乃至社会管理的实质是一种"关系维护"的管理，而非"目标导向"的管理，"目标导向"管理仅是"关系维护"管理的一个特殊的例子而已。

基于这种"关系维护"的组织管理范式，软系统方法论使用者通过观察、建模、比较和讨论等活动来努力探明问题情境中那些价值观和世界的差异，并努力寻求一种求同存异的解决方案，最终实现对问题情境中各种主体间关系的维持、修改和规避。切克兰德在1998年的《信息、系统、信息系统》一书中强调了"关系维护"的组织概念是信息系统设计开发活动所关注的核心内容，他以此来突出软系统方法论在信息系统设计上的重要性。从上述分析我们可以清晰地看到，在对人类组织问题的解决策略上，软系统方法论已从"目标追求"转向了"关系维护"。

7.2 软系统方法论为人类科学带来的贡献

从社会现实演变的发展来看，硬系统方法论和软系统方法论先后出现在当代系统运动的不同时期，我们不能武断地说，后者就一定比前者好，因为每一种系统方法论的产生都有其历史背景、假设前提和理论基础。硬系统方法论兴起于战争年代，它适用于解决具有特定目标的效率问题，在方法论构建上，它遵循了实证主义的哲学立场和功能主义的社会研究范式。软系统方法论兴起于战后经济重建的和平年代，它适用于解决人类社会因价值观和世界观差异带来的有组织的复杂性问题，在方法论构建上，它遵循了现象学的哲学立场和诠释主义的社会研究范式。从系统运动的视角来看，软系统方法论是系统运动的一个重要里程碑，它是系统思想在人类生活世界的重要应用，摆脱了系统思想在早期纸上谈兵、缺乏实践应用的困境。同时，软系统方法论是对硬系统方法论的一个重要补充，尤其对于那些目标不明确、涉及价值观和世界观差异的问题情境，软系统方法论为我们提供了一个科学严谨的分析手段。

在现实工作中，我们时常也会遇到这样的问题情境，例如，当我们为企业用户规划一个信息化战略或者是开发一套管理信息系统的时候，在战略规划和系统需求分析环节，需要分析的因素很多，不仅包括业务单元的流程分析、组织结构分析，还包括企业文化、战略愿景、价值观和世界观等隐含因素的分析。传统的结构化开发方法或者生命周期法不容易获取这方面的细节信息，如果对用户的需求没有准确的理解，那将导致后续的开发工作陷入困境。事实证明，在软件开发项目中，70%的项目失败都与用户需求分析不到位有关。对于这样的问题，就需要系统分析员采用软系统研究进路来加以解决，比如原型法、头脑风暴法、专家访谈等方式，它们虽然在形式上与软系统方法论不大相同，但理念上是一致的，其目的是更准确地理解用户的真实想法，使开发者与用户对目标系统尽可能达成一致，为下一步系统设计和系统实施奠定基础。可见，在这样的情境中，软系统方法论可为这些分析活动提供更为完善的理论指引。

此外，从科学哲学的视角来看，它对人类知识的增长带来了一定贡献和启发。本书将把波普尔的知识进化论与软系统方法论进行比较，以此来发现软系统方法论的地位和作用。

从科学哲学的视野看，自19世纪孔德创建实证主义科学研究传统以来，西方科学哲学领域也曾经历了从维也纳学派的逻辑经验主义到波普尔的批判经验主义，再到库恩的历史主义的转向。在这种转向进程中，英国哲学家卡尔·波普尔在批判逻辑经验主义的基础上发展了证伪主义的知识进化论，这种知识进化论构成了自然科学研究的一项重要的理性原则。波普尔在对逻辑经验主义所遵循的"观察—归纳—证实"知识观进行批判的基础上发展了以"问题—猜想—反驳"为核心的证伪主义知识观。其中的猜想和反驳是他知识观的核心内容。在发展这种知识观过程中，他把达尔文的进化论作为其知识进化观的主要理论依据，为此，他在1965年把知识进化的图式描述为 P_1—TT—EE—P_2 的形式。在这个知识进化图式中，科学研究活动首先从问题 P_1 开始，在解决问题过程中，科学研究者们将根据自身的背景知识提出多种试探性的假说或试探性的理论 TT（Tentative Theory），接着通过观察实验来消除错误 EE（Error Eliminate），即对建立的假说进行检验或反驳，如果假说被证伪，则另一个新的问题 P_2 将被提出，证伪的过程将再次进行下去。那些经受住证伪的假说则作为一种暂时的知识被保留下来。由此可见，波普尔的知识进化论本质上就是在试错当中学习知识，即当我们发现错误时，我们反而学到许多接近真理的东西。科学理论知识就是在这种试错当中不断成长起来的。

软系统方法论在解决问题的形式上与证伪主义的知识进化图式存在很大的差异，这些差异主要体现在以下四方面。

第一，软系统方法论在分析问题情境的视角上，不仅从逻辑分析维度来考察问题情境，还从历史文化的维度来考察问题情境。与此相反，证伪主义的知识进化图式仅从"问题—猜想—反驳"的逻辑维度来获取有效的知识。这种知识获取方式是在历史和文化背景缺失的状态下进行的，因此它无法有效获取与历史和文化相联系的社会科学和人文科学领域的知识。

第二，软系统方法论的知识观是一种强调理解的诠释主义知识观。软系统方法论探明问题情境的过程实质上是在特定历史文化背景下对问题情境中关于人类活动的内省知识的探索，如对人类活动意义的探求。但是这种探求意义的过程却不是简单的观察、证伪可以解决的，它需要对问题情境中人类的目的活动进行主观地建模，并把这些模型与现实世界进行比较。比较目的在于探明问题情境可能存在的、各种指导人类行动的世界观。根据维克斯的"评价系统理论"所揭示的社会现实，这些世界观不存在好与坏、对与错之分，作为方法论的使用者则需要识别和理解这些世界观，并努力协调这些世界观以便实现改善问题情境的最终目的。

第三，在获取知识的方式上，软系统方法论强调研究者以参与的方式介入问题情境，并通过与问题情境中各利益相关者面对面的交流来洞悉各种关于人类活动意义的知识。与此相反，证伪主义的知识观则采用一种主体和客体分离的知识二元论，即观察者往往置身于问题情境之外来获取观察的客观性。对此，美国哲学家约翰·杜威把这种传统知识二元论批评为"知识的旁观者理论"。本书认为这种知识二元论在处理具有丰富文化意义和内省知识的生活世界问题时是难以奏效的。软系统方法论把问题情境看作是一个由主体间各种活动关系构成的共同体，研究者通过参与这个共同体来洞悉其内在的世界观，并通过讨论和改善活动来维护这个共同体内在和谐的关系。

第四，从哈贝马斯关于解放的兴趣来看，反思活动是所有批判科学的基础。在软系统方法论中，反思活动被提升为一种"元层级"的活动，通过反思方法论本身以及反思方法论与问题情境的相互适应性，软系统方法论被进一步塑造为一种认识论。与单向线形的证伪主义相比，软系统方法论则以一种循环学习系统的形式指导人们认识世界。

尽管软系统方法论与证伪主义知识进化论在获取知识方式上存在很大差异，但是它们也存在一些相似之处。例如，它们都把问题作为探求知识的出发点，证伪主义通过建立假说、观察和反驳来获取知识，而软系统方法论则通过主观建模、与现实世界进行比较、诠释等活动来获取知识。其中，证伪主义的试探性的假说与软系统方法论的建模具有相似之处。在证伪主义的认识论中，假说被证伪意味着人们向真理前进了一步；对于软系统方法论，在概念模型与现实世界的比较中发现偏差，同样也意味着人们认识问题情境的进步，因为这种偏差使研究者获得了关于现实事件（问题情境）的新的知识，并且引导研究者对现实事件（问题情境）的理解迈向一条更为精确的道路。

然而试探性的假说与概念模型的思想源泉是不同的，前者来自研究者大胆猜测，而后者则取材于研究者对生活世界中主体间活动的类型的知识储备。此外，在解决问题的过程中，证伪主义和软系统方法论都认为对问题的探索是无止境的。从证伪主义知识进化论来看，一个假说被证伪或未被证伪，即意味着另一个与之相关的新问题随即进入科学研究的视野。从软系统方法论来看，社会现实总是在变化发展中的，一个问题情境被改善了，随即会产生另一个与之相关的问题情境。

根据以上分析，我们可以看出软系统方法论是科学哲学领域中一种具有批判反思功能的认识论。它通过建模、反思活动扩大了人们认识和解决问题的视野，使人们关注的问题从自然科学领域扩展到社会科学和人文科学领域。它在科学知识增长方面，发展了一条以诠释理解来获取人类生活世界知识的研究进路，为社会科学哲学发展提供了一种有益的指引。

7.3 软系统方法论存在的不足

在科学发展进步的历史洪流中，任何一种理论都不是以一种完美的形式被建立起来的，学习和反思是推动人类科学不断前进的动力。就像切克兰德在反思贝塔朗菲一般系统论时所指出的"系统运动的进步更可能来自系统思想在特殊问题领域的应用，而不是对一个完美理论的构建"一样，软系统方法论同样也具有一些不完美的地方，下面将围绕着这些不足展开探讨。

7.3.1 国外相关学派的评论

英国系统学者迈克尔·C.杰克逊指出：与其他一些披着"软"语言的硬方法论相比，切克兰德算是"最纯的诠释系统思想家"了。然而，正因为切克兰德这种对诠释主义立场的专注，引发了系统研究领域和社会研究领域各学派的争议和批评。功能主义学派认为软系统方法论过于主观和理想化，它忽视了社会系统客观存在的组织结构特征，这些组织的功能结构将限制不同世界观的讨论和共存。托马斯和洛基特指出：软系统方法论解决问题的活动是基于相近的世界观展开的，它忽视了现实问题情境中对立的价值观和兴趣的存在。他们认为权力因素应该被方法论放在重要位置来加以关注，因为有权力的客户将会影响和限制方法论的使用。伯勒尔指出：切克兰德之所以认为人们的世界观差异是可以协商的，是因为他长期站在具有相同价值观的组织内部管理者的角度来考虑问题，然而这种想法过于理想化并与现实有一定差距。他认为在现实世界中，人们的价值观差异还进一步表现在对工具理性或物质利益追求的差异，而这种对物质利益的追求往往是与组织结构特征和组织的目标相适应的，在这种社会现实约束下，软系统方法论的作用是非常有限的。

激进社会学派认为软系统方法论忽视组织内部存在政治权力的不对等性，如何从这样的组织结构中解决问题，软系统方法论表现出不彻底性。明格斯认为切克兰德忽视了社会系统的结构特征，这过于主观主义和理想主义。他通过比较软系统方法论和德国社会学家哈贝马斯的批判理论指出：两者都把人类活动看作是有目的的行为，都认为技术系统为主导的工具理性不能解决社会问题，都力图把技术理性与价值理性相结合，但与哈贝马斯的解放的兴趣相比较，切克兰德的软系统方法论在解决社会问题上受限于社会结构，因此是不够彻底的。杰克逊对此也指出：组织内部客观存在的权力不对等限制了软系统方法论所倡导的无拘束讨论活动的进行，讨论的最终结果将偏向拥有权力的一方。他把对软系统方法论的批评归纳为四个问题：如果讨论不能达成共识，那么软系统方法论如何开展下去？如果参与者的世界观对立，那么软系统方法论如何开展下去？如果人们拒绝改变世界观，那么软系统方法论如何开展下去？如果问题情境由权力所主导，那么软系统方法论如何开展下去？

此外，实用主义学派认为软系统方法论在解决问题过程中采用极端主观主义。其中，英国学者朱志昌指出软系统方法论与实用主义有许多相似之处，它们都把行动研究作为重要的研究手段，都强调在实践中把不断学习作为改善问题情境的主要手段，但他明确指出软系统方法论是一种主观的认识论，因为它缺乏了必要的本体论承诺作为其客观分析的依据。

7.3.2 国内学者的相关评论

我国学术界对软系统方法论的研究始于 20 世纪 90 年代初，随着 1990 年《系统论的思想与实践》一书的翻译出版，软系统方法论这个学术名词逐渐走进我国学术领域并引起了学界的关注。国内学者对软系统方法论的研究进路大多专注于如何把软系统方法论应用于解决社会现实问题的实践探索。但能够对软系统思想及软系统方法论的理论结构进行深入探讨和评述的文章并不多见，其中张华夏、颜泽贤、杨建梅、刘启华、张彩江等学者提出一些真知灼见。

华南理工大学杨建梅教授是国内较早接触和解析软系统方法论的学者之一。她在 1998 年发表的《对软系统方法论的一点思考》一文中指出：软问题"分为目标清楚的软问题"和"目标不清楚的软问题"，并将前者称为"硬人类活动系统问题",后者称为"软人类活动系统问题"。软系统方法论"七个步骤"的分析主要是处理硬人类活动系统问题的方法论。从发生学的观点看,这是它直接从系统工程(硬系统方法论)中发展出来的必然结果。在该文中她重点指出人们所采用的"维特沙"往往与所追求的利益紧密相关。在此基础上,她提出了改进软系统方法论的设想:"处理软人类活动系统问题的软系统方法论,应是以利益协调过程为特点的软系统方法论。"在 1999 年发表的《利益协调软系统方法论——立论依据与逻辑步骤》一文中,她构建了"利益人"的模型,借用了切克兰德软系统方法论的七个逻辑步骤提出了"利益协调软系统方法论(ISSM)",把系统干预的目的建立在利益冲突与博弈的基础上,根据不同利益情境形成不同的协调对策。

中山大学的张华夏教授从科学哲学角度对软系统方法论作了梳理和精辟的分析。他通过比较软系统方法论和科学哲学关于知识增长的问题指出:在科学哲学领域同样也存在软和硬的两种认知范式。张华夏教授的研究为我们重新认识软系统方法论的科学作用和意义开辟了新的研究进路。

华南师范大学系统科学与系统管理研究中心颜泽贤教授从系统运动的视野对切克兰德软系统思想做了深入的研究,他在梳理软系统思想概念的基础上指出:软系统思想是系统运动的重要里程碑,它实现了三个转向,即从一般系统思想向应用系统思想的转向、从硬系统思想向软系统思想的转向、从功能主义向诠释主义的转向。此外,他还建议把系统运动涌现出来的"自组织与进化"的思想补充进切克兰德两组系统思想概念中。

南京化工大学的刘启华教授 1999 年发表的《"软"系统方法论述评》一文在分析了软系统方法论的"七个步骤"的基础上,从科学哲学和社会学哲学的角度评述了软系统方法论的本质特征。他认为软系统方法论融合了"事实认识"和"价值选择"的行为研究程式，代表了系统方法论从实证主义走向现象学、从科学主义走向人文主义。在文中他批评软系统方法论过于追求对意义的主观性认识，从而使方法论走向现象学和人文主义的极端。

华南理工大学张彩江博士和学者王春生在《系统方法论与决策研究范式内在关系研究》中，从当代系统方法论发展的内在动因角度考察了硬系统方法论、软系统方法论，指出当代系统方法论朝着多元方法论方向的发展，是问题情境的复杂性、系统思想的发展和文化因素的涌现三方面作用的必然结果。文中他指出软系统方法论和硬系统方法论是从管理实践中总结而来的系统方法论，在理论解释层面缺乏多元方法论具有的反思功能，他建议应把软系统方法论和硬系统方法论一并归入传统的"管理科学"一类。

总的来看，从20世纪90年代以来，它就像一场春雨给我国传统系统研究带来具有新思想核心的研究范式。1997年由杨建梅、顾基发学者发表的《系统工程的软化——第二届英—中—日系统方法论国际会议述评》一文中，我们可看到系统学界开始出现了强调物理、事理、人理的软方法论以及强调利益协调的软系统方法论，这表明我国系统工程开始走向软化的趋势。

7.3.3 切克兰德对上述相关评论的回应

对于以上的各种批评，尤其是针对软系统方法论受制于社会结构、在解决权力不对等社会问题中所表现出来的不彻底性方面，切克兰德在1981年《系统思想，系统实践》一书中做了简要的回应。他认为这些批评观点反映了社会现实的本性，社会现实是一个连续变化的过程，其中，人们的世界观是可以改变的，组织结构形式一样是随时间而改变的。软系统方法论提供给人们的是一个学习和反思的工具，尽管它采用了一个较为保守的解决进路（相对于解放主义来说），但它能帮助人们在实践中做出合乎需要和文化可行的变革来改善问题情境。对于方法论受制于社会结构的问题，他认为这并不意味着反思活动被禁止了。为了增强方法论对社会结构问题的适应性，他在 1990 年的《行动中的软系统方法论》一书中建立了双流模型，从政治和文化维度来探询问题情境。

在应对组织内部政治权力对方法论制约的问题上，切克兰德引用了斯托维尔关于权力的观点来平衡软系统方法论与组织权力之间的关系。在处理政治权力对方法论的影响时，他认为政治权力是影响组织中不同观点的重要手段，权力将被理解为一种"商品"，它具备拥有、使用、转移、协商等特征。在社会现实动态发展的进程中，权力随时间推移也会向不同的方向转移。可见，在切克兰德的世界观中，软系统方法论本身并不是一蹴而就的灵丹妙药，它是一种循序渐进的反思和学习的过程，这与社会现实不断变化发展的本质相适应，他希望方法论实践者们以积极的眼光来看待方法论遇到的各种问题障碍，如世界观、组织结构、权力等因素在方法论的作用下将会在现实洪流中发生转变，这有点像中国民间俗语"水到渠成""船到桥头自然直"的含义。

在对待软系统方法论过于主观性的批评上，切克兰德在其三十年回顾著作和学术交流中都表达这样一种观点：即软系统方法论并不是闭门造车、主观臆断的学术产物，而是在长期系统实践中对系统思想与方法论进行反思学习的成果。笔者认为，作为一种解决人类组织问题的方法论，软系统方法论来源于对系统工程的实践反思，它是在行动研究中发展起来的一种强调诠释理解的系统进路。这种研究进路在社会科学研究领域是严谨和理性的，它在哲学主张上遵循了现象学分析的传统，在研究进路上采用诠释主义的社会研究范式，在研究工具手段上采用了突现与层级、通信与控制等系统思想概念。这种严谨的主观分析的研究进路对于解决社会科学和人文科学领域的人类问题情境是必要和有益的。

7.3.4 笔者的评论

本书认为切克兰德软系统思想和软系统方法论存在以下三点不足。

（1）软系统思想并没有把 20 世纪 70 年代以来的系统运动涌现出来的成果纳入它的思想体系中。软系统思想的一个贡献就是把那个时期的系统运动成果，如突现与层级、通信与控制等，纳入软系统思想当中并成为软系统方法论的一种有效分析工具。然而，在软系统方法论发展了 30 多年以后，我们也发现软系统思想并没有把此后的系统运动的丰硕成果继续补充到软系统思想体系当中去，如系统的自组织与进化，这使他的软系统思想仍停留在一种相对保守的状态。始于 20 世纪 70 年代的系统运动的第三次浪潮是以自组织的研究为主要内容的。例如，普里高津的耗散结构、哈肯研究的激光的形成、混沌动力系统中的吸引子等都说明自组织机制的存在。自组织机制从微观层面揭示了开放系统从简单到复杂、从低级到高级、从无序到有序的机制条件。美国系统哲学家拉兹洛指出：当各门学科的自组织理论产生后，人们对从宇宙到文化的所有进化现象作详尽考察的条件已经成熟了，一种新范式正在从许多科学领域中涌现出来。系统运动到了 20 世纪 80 年代迎来了以混沌理论和复杂性科学为研究对象的第四次浪潮。在这次浪潮中，人们发展了关于系统的适应性进化的概念。进化与自组织机制说明了在复杂多变的环境中，开放式系统为适应环境的变化其自身在结构和功能上存在着从无序向有序演变的倾向。这种演变过程中，复杂系统利用系统内部的盲目多样性变异机制和选择保存机制来对抗外部环境的多样性，这种演变倾向可以看作复杂系统主动学习的自适应过程。自组织和适应进化对微观和宏观世界的解释如此重要，因此，本书认为切克兰德的软系统思想概念需要把自组织和适应性进化两个概念补充进来。

（2）切克兰德在运用软系统思想和软系统方法论处理问题情境时过分强调了诠释主义的地位和作用。他这种对诠释主义的过分关注使他忽视了其他系统方法论解决问题的合法性和可能性。同时，也使他忽视了来自功能主义和解放主义等不同学派的批评。在如何看待软和硬两种系统思想的地位关系的态度上，切克兰德在其著作中流露出一种矛盾的思想倾向，这种矛盾体现在他既认为软系统思想和硬系统思想之间是一种补充关系，但同时他又强调硬系统方法论可看作软系统方法论的一个特例形式。例如，在1981年《系统思想，系统实践》中他指出："软方法论可被看作一般情形，而硬方法论则是它的特殊情形。"然而在1990年《行动中的软系统方法论》中他指出："在系统运动中软和硬两种流派是互补的。"可见，造成这种矛盾的思想根源在于他过分专注诠释主义，这种专注使他更愿意把软系统方法论看作解决人类事务的一种普遍理论，在他看来，软和硬两种系统方法论的关系是一般和特殊的关系。在笔者看来，把两者关系看作一般和特殊的关系是不恰当的。因为这两种系统方法论不管是它们所采用的哲学主张、社会理论，还是其系统概念，都不是一般和特殊的关系，而是两种不同的研究范式。软系统方法论在应对由世界观差异导致的问题情境时能够比硬系统方法论更有效地理解和改善此类问题情境。硬系统方法论则在工程技术领域比软系统方法论更有效地解决目标明确的问题。因此，软系统方法论和硬系统方法论之间的关系不是替代关系而是一种互补关系。

（3）讨论活动在切克兰德的著作中更多的是被放置在比较活动当中，在方法论中缺少了对讨论活动的详细指导。在软系统方法论中，讨论的作用在于两方面：一方面在于通过参与者面对面讨论来洞悉问题情境中存在的世界观，另一方面在于从这些不同的世界观中寻求一种合乎系统需要和文化可行的改善方案。然而，正是这项讨论活动成了其他系统学派和社会学派诟病的地方，因为讨论活动既然是由问题情境中的利益相关者共同参与，那就不可避免地会遭遇权力、组织结构等因素对自由、开放讨论的限制。为此，笔者认为要想使讨论富有成效，方法论必须设置一些规则来维持自由、开放讨论的有效性。

7.4 对软系统方法论的总体评价

从系统运动发展来看，系统思想经历了从一般系统论到应用系统思想的转变，在应用系统思想领域，系统思想方法论又经历了从"硬"到"软"再到多元主义的转向。在软系统方法论之后，切克兰德的弟子、英国系统学会主席迈克尔·杰克逊在批判系统思想和多元主义的范式下提出了根据不同问题情境采用不同系统方法论的"创造性整体论"。可见，在系统运动中，系统方法论也在不断进化发展，每一种系统方法论的产生都有其历史背景、假设前提和理论基础。本书认为，切克兰德软系统思想和软系统方法论是一种基于系统整体论来处理人类问题情境的诠释主义系统进路，这种方法论在结构上是严谨的，在分析上是以诠释理解为导向的。之所以给出这样的评价，主要根据以下三方面。

第一，系统的整体论思想始终贯穿于切克兰德软系统思想和软系统方法论的各个层面。在哲学主张上，它采取的现象学哲学遵循了整体论的原则。胡塞尔在发展现象学的后期强调把生活世界看作是现象学研究的实在的对象，为了能发现存在于生活世界中的各种可能的主体间活动，他强调采用整体论观点来尽可能还原生活世界的本来面目，这是他"回到事物的本身"的另一种发展。在社会学研究领域，韦伯的诠释主义强调通过"理想类型"的研究方法来主观建构和分析人类社会行动的各种可能，其最终目的也是采用一种整体观来探询、理解社会行动背后可能的意义。这种整体观在舒茨的现象学社会学那里进一步转变为用自然态度现象学来探索生活世界中存在的各种主体间活动的类型。在系统思想领域，这种整体论是区分"软"和"硬"两种系统概念的关键，它使系统的概念重新得到了澄清。这种整体论思想用贝塔朗菲的话来表述就是系统具有累加性特征和组合性特征。切克兰德把系统的这种整体性用形容词"系统性的"来表示。

在切克兰德思想体系中，这种整体论思想是一种认识论，他认为系统论在它是一种本体论之前，首先是一种认识论。在这种思想指导下，系统概念乃至系统方法论本身都是一种认识论工具，例如，他在1988年引入"整体子"来表述系统概念的认识论意义。在发展软系统方法论过程中，他逐渐把该方法论内化为一种认识论，软系统方法论则变成了一个强调学习和理解的整体子。

第二，软系统方法论在结构上是逻辑严谨的。这种逻辑严谨性体现在方法论的实施过程遵循一种逻辑连贯性。例如，软系统方法论早期的"七个步骤"分为发现问题情境、根定义、建模、比较、讨论、实施变革等活动。这种条理性在1988年被进一步拓展为文化流和逻辑流分析模型，2006年以后，方法论各步骤被进一步内化为包括反思活动的五项活动。可见，软系统方法论在强调逻辑连贯的前提下，已逐渐走向了一个内在协调统一的有机整体。对于这个方法论整体，从心理学的角度来看，它包含了人类认知事物的一系列心智活动，如知觉、预见、比较、决定等活动。从社会诠释主义来看，这个强调学习和理解的方法论遵循了韦伯社会学研究方法论中关于"理想类型"建模和比较的诠释传统。其中，建模和比较的目的在于帮助研究者从偏差中获得对人类活动各种主观意义更为精确的理解。从狄尔泰的诠释循环的方法论来看，软系统方法论同样强调了诠释循环的使用。它把方法论看作是一个循环学习系统，方法论使用者在这个系统中以诠释理解人类活动为导向，根据理解的需要错序地安排、运用方法论各步骤，实现从局部到整体再从整体到局部的诠释循环。从系统控制论的角度看，方法论过程是一个包含了输入、输出、比较、控制评价等活动的多层级控制反馈系统。其中，在方法论内部所构建的概念模型同样是一个层级控制系统，在这些相互嵌套的层级控制系统中，每一层级都包含关于效力、效率和效果的评价标准以确保模型的有效性。

第三，软系统方法论解决问题的过程是一种以诠释理解为导向的主观进路。这种主观性主要与其采用的现象学哲学立场和诠释主义社会学研究范式相适应。从其现象学哲学立场来看，软系统方法论遵循了胡塞尔和舒茨关于生活世界的现象学态度，即遵循把生活世界看作是最高实在的原则，通过对生活世界进行主观建模来探询各种主体间活动的类型并发现其中的意义所在。据此，在软系统方法论中建模和比较成了方法论的核心内容。建模活动是方法论使用者根据生活世界的常识，对问题情境可能存在的某种世界观构造出一种内在无矛盾的概念模型，它不是对现实世界的真实描述，而是一种可能的描述，目的在于用比较去探明问题情境的真实状况。因此，建模活动是一种纯粹的认识论活动。然而，值得注意的是，这种认识论活动不是主观臆断，而是遵循韦伯关于"理想类型"研究方法论和舒茨关于生活世界的现象学社会学的研究方法。在第六章，图6-1向我们描绘了软系统方法论在伯勒尔和摩根的社会理论类型图中的位置，我们可从图中的虚线框位置清楚地看到软系统方法论是一种相对温和的主观研究进路。

第八章　对软系统思想及软系统方法论的拓展

在科学领域，任何一种思想理论都是以一种不完美的形式被提出的，软系统思想及软系统方法论也是如此。本章的目的在于补充与拓展软系统思想和软系统方法论，即将从系统思想的关键概念、系统方法论中的讨论环节以及软系统方法论与其他系统方法论之间的兼容性方面进行补充和拓展。

8.1 对软系统思想的补充

切克兰德的关于突现与还原、通信与控制的两组系统思想概念是在20世纪70年代系统运动中科学家们对"有组织的复杂性"现象研究所取得成果的基础上发展建立起来的，然而，从今天系统科学发展的成就来看，切克兰德的这种系统思想仍是不完善的，因为他没有把20世纪70年代以后的系统运动成果归纳进来。为此，我们首先需要了解系统运动的四个主要阶段。

系统运动的第一阶段起源于19世纪末20世纪初，这个阶段的主要活动内容是关于活力论、机械论和机体论对有组织的复杂性生命现象的讨论。这个阶段的主要成果是系统突现与层级的概念在讨论中逐渐得到阐明和建立，它展现了系统思想在解释生物体有组织的复杂性上具有传统还原分析无法比拟的优势。

系统运动的第二阶段是 20 世纪 40 ～ 60 年代，其标志性成果是贝塔朗菲的一般系统论和维纳的控制论。贝塔朗菲的一般系统论以及"一般系统研究会"的建立，标志着系统科学将是一门以探索"不同学科领域中的同构性规律"为宗旨的科学，系统科学被规划为一种"公众知识"，指导和促进不同学科的发展。在这一时期，维纳的控制论向人们展示了一个多层级负反馈控制的世界图景，控制以及控制所依赖的信息通讯成为系统思想另一组重要的概念。

系统运动的第三阶段是 20 世纪 70 ～ 80 年代不同学科领域对自组织现象的广泛研究。自组织研究表明：科学研究发现自组织现象广泛地存在于物质系统演变进程中并影响其演变方向。例如，流体力学中的贝纳德元胞试验、化学反应系统中的 BZ 反应、普里高津的耗散结构、哈肯研究的激光的形成、混沌动力系统中的吸引子、康威的生命游戏中的二维元胞等都说明了自组织机制的存在。在自组织理论研究方面，比利时物理化学家普利高津通过耗散结构理论揭示了一个原来有序的开放系统在远离平衡和非线性作用的条件下，系统内的微小变化将导致系统发生自下而上的变革，并形成新的有序结构。德国物理学家 H. 哈肯在研究激光产生机制的基础上，建立了协同学理论，这种理论揭示出整个自然系统或社会系统，都存在一种协同作用，其中，序参量是影响系统演变的关键因素。艾根通过研究生物大分子自组织解释了生命起源和进化问题。上述自组织研究成果表明：人类生活世界存在着大量的组织现象，在自组织机制作用下，人类生活世界呈现出从简单到复杂、从低级到高级、从无序到有序的演变。对于 20 世纪自组织研究所取得的丰硕成果，美国系统哲学家拉兹洛认为当自组织理论产生后，人们对从宇宙到文化的所有进化现象作详尽考察的条件已经成熟了，一种新范式正在从许多科学领域中涌现出来，进而导致以变化、非决定论、非平衡的新观念取代较早出现的机械决定论和静态平衡的观念。

系统运动的第四阶段以 20 世纪 80 年代开展起来的混沌理论和复杂性科学为研究背景，人们通过研究复杂系统的演化发展了关于系统适应性进化的概念。混沌理论是一门综合性很强的复杂系统理论，它在系统思想、系统原理和系统方法等方面都不同程度地影响了现代系统科学。特别是在系统演化中存在的有序与无序、简单与复杂、确定性与随机性等特征方面揭示了许多深刻的思想，极大地丰富和发展了现代系统科学。混沌动力学研究表明，在简单规则的反复作用下，系统会进入混沌区域并呈现出必然性和偶然性共存的不确定现象：当系统状态的演化趋向某个吸引子时，系统状态具有必然性，此时系统在宏观层面呈现出自组织特征；当系统受涨落影响而远离平衡状态并产生分岔时，吸引子分岔的方向将敏感地受制于当时系统的初始条件，这时系统状态具有偶然性，此时系统则表现出盲目的多样性特征。在混沌理论出现之前，其他的系统理论，如一般系统论、耗散结构理论、协同学、突变论、超循环理论等，描述的是一幅系统从无序到有序、从一种有序到另一种有序的演化图景。这往往使人们形成某种片面的见解，仿佛世界上一切系统不论条件如何，都是沿着这一条单行道在演化着。同时，容易使人们把有序理解为有组织、有秩序的进化过程，而把无序视为无组织、混乱和退化的过程。混沌理论的研究从根本上动摇了这种观念。它首先使人们认识到，现时世界还存在另外一种演化方向，即从"有序"向"无序"的演化。混沌来自有序，又可以产生新的有序。有序来自混沌，又可以产生混沌。混沌理论向我们展现了自然界演变是一个有序与无序复合交替的进化图景。

根据对系统运动 4 个阶段主要成果的分析，本书认为切克兰德在 20 世纪 70 年代提出的突现与层级、通信与控制的两组系统思想概念只是部分地解释了有组织的复杂性现象，但对于系统稳定的秩序如何产生，系统如何从一种内稳态系统跃迁到另一种内稳态系统，以及突现和层级产生的根源等问题还没有充分重视。因此，切克兰德在 20 世纪 70 年代提出的突现与层级、通信与控制两组系统概念是不完整的，需要考虑把系统运动后两个阶段的成果补充进去。我国系统科学哲学领域的资深学者颜泽贤教授认为：20世纪70年代以来系统运动成就可以归纳为"自组织与适应进化"的一组思想概念。这组概念概括性地总结了系统演变的内在和外在的机制，因此，它可以作为第三组系统思想概念补充进切克兰德的两组系统思想概念当中。这组概念不仅概括了系统思想的新近的发展，还是对前两组系统概念的补充和延伸，它使我们对有组织的复杂性现象的研究从静态平衡观发展到动态的平衡观，使系统思想走出了它幼年时期的贫乏状态，使一般系统思想进入复杂系统思想的新阶段。

8.2 对软系统方法论讨论活动的补充

在软系统方法论中，讨论活动的主要目的在于两方面：一方面在于识别问题情境中可能存在的价值观和世界观，另一方面在于为这些价值观和世界观寻求一个合乎系统需要和文化可行的改善方案。讨论活动在软系统方法论中的位置比较特殊，因为它不像根定义、建模那样取决于研究者的精神活动，而是一项关于现实世界中问题情境参与者之间的沟通活动。因此，讨论过程能否在一种自由开放的氛围下展开直接影响讨论的有效性。在上一章中，本书指出功能主义及激进解放主义学派认为软系统方法论的不足在于它忽视客观存在的社会结构特征，其中，组织中政治权力的介入将会抑制有效讨论的展开。围绕着这个问题，本书认为需要对讨论活动加以规范，以确保讨论达到预期的效果。这种规范性主要关注两方面，一是确保讨论过程自由、开放地进行，二是确保讨论的内容具有实质性的进展。

为了确保讨论过程自由开放，本书认为需要采用哈贝马斯的"交往的合理性"来规范讨论活动。这种"交往的合理性"是哈贝马斯倡导的实践的兴趣和解放的兴趣的一项重要体现。对于"交往的合理性"的重要意义，他指出："这种交往的合理性概念的内涵最终可以还原为论证性的话语在不受强制的前提下达成共识的这样一种核心经验。其中，不同参与者克服他们最初的那些纯粹主观的信念。同时，为共同的合理信念而确立主观世界的统一性和生活世界的主体间性。"根据这样的理性原则，交往的合理性在于问题情境的参与者能够公开、自由地展开辩论，通过辩论使参与各方能相互理解各自的主要观点或价值诉求，最后在问题情境背景下达到一种共识。

在交往的合理性中，需要关注的内容是参与辩论的各方提出的主张必须满足一定的有效条件。哈贝马斯指出一个有效性主张需要满足以下四项条件：① 选择一种别人可以理解的表述方式。② 言说者必须有商谈真实命题的想法。③ 言说者必须有真诚表达自己想法的意识。④ 选择一种恰当的表达，以便听者能够接受他的言辞并在一个被认可的规范背景下达成一致意见。这四项条件可简要地归纳为可理解性、真实性、真诚性和正确性。

上述这四项条件又可进一步被划分为结构性和关系性的两种基本类型交往条件。结构性的交往条件关注于参与辩论的观点主张必须按照被大家认同的语言规则进行表述。例如，不同民族的语言存在发音、书写的不同，还存在语法规则的不同。

另一个交往条件是关系性的交往条件，它注重把参与者表达的观点与问题情境中的主体间的人际关系与社会关系相结合，也就是说表达观点的内容和方式需要紧密围绕问题情境而展开。例如，在一定问题情境中，人们的言行总是与其工作和生活背景、语言文化知识相关，这种现象形成某种我们日常工作中的"行话"或学术领域内的某种"专业术语"。如果不遵循这种规则，那么沟通和交往过程往往出现歧义、困惑和冷漠等消极现象。

哈贝马斯的交往合理性从理论上为我们带来交往或讨论的指导思想，

那么在系统实践上我们又该如何实施呢？在系统实践领域，W. 尤里克在哈贝马斯提出的实践的兴趣和解放的兴趣的指引下，对社会系统的设计做了有益的尝试。他在《社会规划的批判性启发法》中提出的"批判系统启发法"将批判、反思精神融入系统实践当中。他认为在社会系统设计中，参与者需要对他们所宣称的寻求知识和追求理性行动的前提假设进行反思，即摒弃传统思维中把系统设计看作是客观结果的任何可能做法，制订一个办法来帮助系统设计者和参与者对要讨论的问题和先决条件进行批判性反思，确保每个系统设计者能够公开透明地向系统各参与者表明系统的设计内容，以便参与者各方能够对此进行批判性的审查和讨论。对社会系统设计的首要工作就是对系统构成要素的结构关系进行反思。他把系统成员分为四类：受益者、决策者、设计者、见证者。围绕着这些角色展开反思，反思包括了以下 12 项纲领性的问题。

谁应该是系统设计真正的受益者？

系统设计的真实目的是什么？

衡量系统设计成功的标准应该是什么？

谁是真正的决策者？

决策者要想获得成功的计划和实施需要拥有哪些资源？

哪些资源是决策者所没有的？

谁应该被称为系统的设计者？

谁应该成为专家，专家应具备哪些专业技能？

去哪里找到那些可以保障计划成功实施的人或物？

哪些见证人是受计划影响的，哪些是不受计划影响的？

受计划实施影响的人是否具有使自己从专家统治中解放出来的可能，是否具有掌握自己的命运的可能？

设计系统应该基于什么样的世界观完成？是参与者的世界观还是受影响者的世界观？

这些问题的最终目标在于确保被压制的问题得到表达，反思确保系统设计或者关于问题情境的讨论活动能以一种整体主义的视角来获得理解和达成共识。

这种基于交往的合理性而展开的系统反思，为软系统方法论在一定社会结构中开展实施提供了有益的指引。问题情境中的各种世界观和价值观不存在对与错、好与坏之分，因此，方法论使用者应努力确保代表不同世界观和价值观的群体都能受到关注，并且享有表达观点和参与讨论的自由。这种交往合理性的诉求最终将落实到方法论实施的程序设置上。笔者认为需要在软系统方法论中设置一些旨在帮助方法论使用者展开批判反思功能的程序活动。这些程序就像上述的 12 个问题一样，他们将引起方法论使用者、参与者以及管理层对问题情境中各利益相关实体和相关条件的关注。例如，在讨论环节，方法论使用者需要考虑讨论的内容涉及哪些利益相关者，他们是否享有参与讨论的自由，他们拥有哪些资源和权力，谁是主要的决策者，他们又拥有哪些资源和权力等问题。其最终目的是确保问题的解决者能够从整体的角度来探明和改善问题情境。

8.3 增强软系统方法论兼容性的探讨

在系统实践中，系统方法论的作用在于它规范了人们用于解决现实问题的手段和方法，它是关于方法的一套原则。因此它也体现了系统方法论设计者解决问题的一种世界观。这种世界观总是与某种特定的哲学主张和社会理论以及问题情境相联系。然而，实践经验告诉我们"社会实践不仅具有自然属性，还有社会属性，甚至还包括人的精神属性，这3 个层次的特点使社会实践具有高度的综合性、系统性、动态性和复杂性，它不容许我们孤立、片面、静止、简单地看待问题。"从维克斯的评价系统理论模型来看，社会现实是一个动态发展的过程，其中组织管理者面临的问题情境也是动态发展的，因此对于作为强调诠释理解的软系统方法论来说，在处理问题情境过程中需要考虑如何与其他方法论相兼容，以求最大程度地解决问题。

不同系统方法论在解决问题过程中总是与其哲学主张、社会理论基础以及问题情境相联系，因此，这些系统方法论如何获得一种解决问题的兼容性是一个重要的问题。首先，我们需关注这些系统方法论背后所采取的社会理论范式的不可通约问题。为考察这个问题，我们需要回到伯勒尔和摩根对社会理论划分的类型图中。美国休斯敦大学学者蒂姆和鲁迪在一篇关于范式研究论文中指出：在方法论实践中存在着一种"多范式观点"，即不同范式的核心观点虽然不可通约，但是这些范式的边缘地带却是可相互渗透的。

采用这种"多范式观点"可为问题解决者打开多扇通往不同范式的窗口。在这种"多范式观点"的拥护者中的焦亚和皮特雷认为在伯勒尔和摩根的社会理论类型图中，不同范式的交界处存在一个"过渡区域"（见图8-1），这个"过渡区域"像一座桥梁，能帮助方法论使用者把不同范式联系起来互补使用。他们认为之所以存在这种"过渡区域"是因为在科学领域中存在着一个理论的研究范围可能涉及多种不同理论范式的事实。例如，哈贝马斯的批判理论所包含的三种兴趣中，技术的兴趣涉及功能主义，实践的兴趣涉及诠释主义，解放的兴趣涉及激进人文主义等。因此，简单地把某个理论划归在某个范式中的做法是不恰当的。在不同范式之间存在着一个"过渡区域"，这个"过渡区域"是多种理论交汇的地方，它为研究者辩证地采用不同范式提供了一个机会。

这种关于"过渡区域"的"多范式观点"为我们拓展软系统方法论带来一定的启发，即在系统实践中，不同系统方法论的某一部分功能可被运用于某一特定问题情境，同时在系统实践的某一环节上，研究者可以采用与问题情境相适应的其他方法论或该方法论的某一项功能活动作为解决方案。例如，硬系统方法论的目标制订阶段或需求分析阶段，可采用软系统方法论来加以探明问题情境中各种可能的价值观和世界观。在软系统方法论后期的改善方案的实施阶段，同样也可以采用硬系统方法论目标导向的解决进路来提升效率。

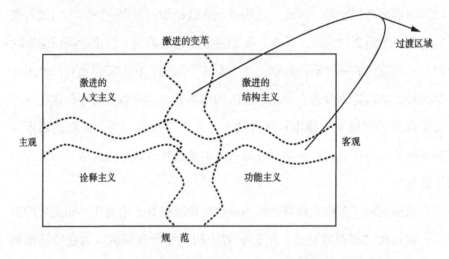

图 8-1　带有"过渡区域"的伯勒尔和摩根的社会理论划分类型图

从社会现实是动态发展的这一本质特征来看，问题情境总是在变化发展的。由于每种方法论都是针对具体的问题情境而设计的，因此针对不同的问题情境，问题解决者需要辩证采用不同的方法论。"多范式观点"中"过渡区域"为方法论的兼容性提供了一个辩证思考的空间。软系统方法论实践者可根据问题情境的变化辩证采用相应的方法手段。

对软系统方法论进行拓展的另一种进路在于把方法论的反思活动扩展到诠释主义之外，开辟一种多元主义系统进路。在切克兰德的软系统方法论中，作为"元层级"的反思活动被用于反思方法论本身以及方法论与问题情境的适应性。但这种反思活动只限于诠释主义研究范式之内。虽然软系统方法论在解决由人类世界观引起的问题情境方面具有很大的优势，但是它无法改变客观存在的社会结构特征对方法论的抑制作用。上一章对软系统方法论不足的反思，也促使我们关注软系统方法论之外的其他方法论解决人类问题情境的合理性，尤其是在软硬两种方法论之后发展起来的批判系统思想及多元主义的方法论进路。

多元主义提倡采用批判的视角和整体主义视角来辩证运用系统方法论。其中，切克兰德的弟子、英国系统研究会主席迈克尔·C.杰克逊建立的"创造性整体论"就是一个典型的代表。杰克逊在伯勒尔和摩根社会理论的划分基础上，把当代系统方法论归纳为功能主义、诠释主义、解放主义、后现代主义4种范式，见表8-1。

表8-1 杰克逊对当代系统思想方法论研究范式的划分

研究范式	内容
功能主义	前提假设：社会组织活动及目标具有客观性，不同个体之间遵守共同的行为规则和价值观 任务：借助技术手段来管理和实现组织目标 系统方法论代表：硬系统思想、系统动力学、组织控制论、复杂性理论
诠释主义	前提假设：社会组织活动和目标具有主观性，不同成员可以根据各自的信仰和意愿来行事 任务：尽可能地了解组织成员内部存在的主观意愿，通过了解和沟通实现组织的内部和谐 系统方法论代表：软系统思想
解放主义	前提假设：社会存在权势和利益不平等、价值观对立的现状，存在受压迫的弱势群体 任务：消除这种不平等现状的根源，保证受压迫的弱势群体能够参与决策和享有合理的权益 系统方法论代表：解放系统思想
后现代主义	前提假设：客观世界存在多样性的解释和认识，不同的解释之间不可通约 任务：以宽容的态度发掘和鼓励这种多样性和创造性的存在 系统方法论代表：后现代系统思想

在此基础上，他发展一个包含四种范式的系统方法论系统的分析框架，见图8-2。图由两维度构成，一维度定义了系统的特征，由简单到复杂；另一维度定义了问题环境中参与者之间的关系特征，在这个图中，问题情境分为统一的价值观、多元价值观和对立的价值观三类。对于价值观统一、系统结构简单的问题情境，适合采用以系统工程、运筹学、系统分析为代表的硬系统方法论；对于价值观统一、系统结构复杂的问题情境，

适合采用复杂性理论、管理控制论、系统动力学等方法论；对于价值观多元、但能相互包容的问题情境，适合采用软系统方法论；对于价值观对立、系统结构简单的问题情境，适合采用解放系统思想；对于价值观多元对立、结构复杂的问题情境，适合采用后现代系统思想。

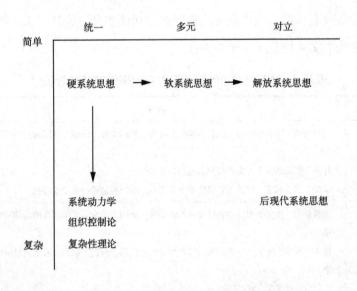

图 8-2　杰克逊系统方法论系统模型

在系统方法论系统的分析框架下，软系统方法论被安置在一种解决可协调的多元价值观和世界观的问题情境中。在它之外，还存在其他系统方法论进路。系统方法论系统与软系统论的共同之处在于它们都关注反思活动的重要性，然而软系统方法论的反思活动仅局限于诠释主义的范畴，而系统方法论系统的分析框架则把反思活动扩展到了社会研究范式的整体，它力图从整体的角度来驾驭不同社会研究范式下的系统方法论，从而达到帮助实践者根据不同问题情境辩证采用相适应的系统方法论来解决问题的目的。从这一点来看，系统方法论系统是对软系统方法论的一种超越和拓展。

结束语

软系统思想和软系统方法论是在 20 世纪 70 年代的系统运动当中涌现和发展出来的一种处理人类问题情境的应用系统思想和系统方法论。从系统思想的突现和层级的理论视角来看，它是在一定历史和文化背景下由系统实践者们不断反思实践的结果。更加深刻地说，它是人类用系统思想在解决现实问题的系统实践中，通过不断反思系统思想概念和系统方法论背后的哲学立场、社会理论基础以及人类社会管理活动的本质而逐渐形成的。

本书力图以一种系统的整体观来全面地展现切克兰德软系统思想和软系统方法论，根据这样的初衷，本书从软系统思想和软系统方法论的形成背景、理论的发展过程、理论的哲学主张和社会理论基础、对该理论的评价以及理论的拓展等方面来开展研究。本书研究工作可带来三方面的贡献。

第一个贡献体现在本书从历史维度全面、系统地梳理了该理论发生、发展的真实状况。这些内容主要体现在本书的第一章至第五章中。前三章主要阐明软系统方法论产生的背景，通过反思一般系统论以缺乏内容来换取理论普遍性启发我们软系统思想是一种关注解决人类事务特殊情境的系统进路；通过反思硬系统思想"目标导向"系统化理性，揭示出实证主义事实与价值的分离带来的弊端，由此启发我们进一步关注一种以诠释理解为主导的系统进路。进而引出了对软系统思想构建有直接影响的两个因素：一个是维克斯"评价系统理论"的关系维护的思想，另一个是"行动研究"的逻辑框架。第四章和第五章主要是阐明软系统思想的关键概念和软系统方法论的演变历程，从发生学视角帮助读者更全面地掌握该理论体系的核心思想。

第二个贡献在于采用跨学科的视野来考察和评价切克兰德软系统方法论。这部分内容主要体现在本书第六章至第七章，重点阐明了软系统方法论采用了现象学的哲学主张和诠释主义的社会研究范式，从系统运动的视角对其贡献作出评价：它是系统思想领域的一次范式革命，是系统运动的一个重要里程碑，推动方法论研究从实证主义转向现象学，从功能主义转向诠释主义，从"目标导向"转向"关系维护"。

第三个贡献在于对软系统思想和软系统方法论的补充和拓展。这部分内容主要体现在本书第八章，其反映出本书沿承切克兰德反思和学习的研究传统，采用批判主义和多元主义视角对软系统方法论进行反思和超越的尝试。

总的来看，本书从系统的整体论的角度来梳理、评价和拓展切克兰德软系统思想和软系统方法论，其最终目的是从科学哲学的角度来增强我们认识和解决人类复杂问题情境的能力，鉴于个人能力有限，书中难免存在错漏和观点偏颇之处，恳请广大读者提出宝贵意见，希望本书能为有志于系统研究的朋友们带来抛砖引玉的作用。

参考文献

[1] 阿尔佛雷德·舒茨. 社会实在问题 [M]. 霍桂恒，索昕，译. 北京：华夏出版社，2001.

[2] 彼得·切克兰德. 系统思想，系统实践（含 30 年回顾）[M]. 闫旭晖，译. 北京：人民出版社，2018.

[3] 曹志平. 理解与科学解释——解释学视野中的科学解释研究 [M]. 北京：社会科学文献出版社，2005.

[4] 曹光明. 硬系统思想与软系统方法论的比较——优化模式及学习模式 [J]. 系统工程理论与实践，1994（1）：22-25.

[5] 陈刚. 亚里士多德的心灵哲学 [J]. 哲学动态，2008（8）：77-82.

[6] 陈俊，夏维力，江一. 对软系统方法论（SSM）的探讨 [J]. 管理工程学报，1990（4）：41-47.

[7] 菲立普. 社会科学中的整体论思想 [M]. 吴忠，陈昕，刘源，译. 银川：宁夏人民出版，1988.

[8] D.C.菲立普. 社会科学中的整体论思想 [M]. 吴忠，陈昕，刘源，译. 银川：宁夏人民出版社，1988.

[9] E.拉兹罗. 进化——广义综合理论 [M]. 闵家胤，译. 北京：社会科学文献出版社，1988.

[10] 冯·贝塔朗菲. 一般系统论：基础、发展和应用 [M]. 林康义，

魏宏森，译.北京：清华大学出版社，1987.

[11] 哈贝马斯.认识与兴趣 [M].郭官义，李黎，译.上海：学林出版社，1999.

[12] 哈拉尔.新资本主义 [M].冯韵文，黄育馥，译.北京：社会科学文献出版社，1999.

[13] 胡塞尔.纯粹现象学通论 [M].李幼蒸，译.北京：商务印书馆，1995.

[14] 胡塞尔.笛卡尔式的沉思 [M].张廷国，译.北京：中国城市出版社，2002.

[15] 胡塞尔.现象学的观念 [M].倪梁康，译.上海：上海译文出版社，1986.

[16] 卡尔·波普尔.客观知识 [M].舒炜光，卓如飞，周柏乔，等译.上海：上海译文出版社，2005 年.

[17] 拉夫尔·D.斯泰西.组织中的复杂性与创造性 [M].宋学峰，曹庆仁，译.成都：四川人民出版社，2000.

[18] 莱斯利·A.豪.哈贝马斯 [M].陈志刚，译.北京：中华书局，2002.

[19] 兰德尔·柯林斯，迈克尔·马科夫斯基.发现社会之旅：西方社会学思想述评 [M].李霞，译.北京：中华书局，2006.

[20] 历克斯·阿贝拉.白宫第一智囊：兰德公司与美国的崛起 [M].梁筱芸，张小燕，译.北京：新华出版社，2009.

[21] 罗伯特·B.塔利斯.杜威 [M].彭国华，译.北京：中华书局，2002.

[22] 刘启华."软"系统方法论述评 [J].自然辩证法研究 1999（10）：5-12.

[23] 刘中起，风笑天.整体的"社会事实"与个体的"社会行动"——关于迪尔凯姆与韦伯社会学方法论的逻辑基点比较 [J].社会科学辑刊，2002（2）：46-50.

[24] 马尔科姆·沃特斯.现代社会学理论 [M].杨善华，李康，译.北京：华夏出版社，2000.

切克兰德软系统思想和软系统方法论研究

[25] 马克思·韦伯.社会科学方法论 [M].韩水法，莫茜，译.北京：中央编译出版社，2002.

[26] 马尔利姆·沃特斯.现代社会学理论（第2版）[M] 杨善华，译.银川：华夏出版社，2000.

[27] 尼古拉斯·奎勒兹，周欣.有组织犯罪的国际状况 [J].外国法译评，1997（4）：22-31.

[28] P.切克兰德.系统论的思想与实践 [M].左晓斯，史然，译.北京：华夏出版社，1990.

[29] 舒兹.社会世界的现象学 [M].卢岚蘭，译.中国台湾：桂冠图书出版社，1991.

[30] 王晓升.商谈道德与商议民主——哈贝马斯政治伦理思想研究 [M].北京：社会科学文献出版社，2009.

[31] 韦伯.韦伯作品集：社会学的基本概念 [M].顾忠华，译.桂林：广西师范大学出版社，2005.

[32] 威廉·狄尔泰.历史中的意义 [M].艾彦，逸飞，译.北京：中国城市出版社，2002.

[33] 威廉·狄尔泰.精神科学引论 [M].童奇志，王海欧，译.北京：中国城市出版社，2002.

[34] 维克多·维拉德·梅欧.胡塞尔 [M].北京：中华书局，2014.

[35] 维克多·维拉德·梅欧.胡塞尔 [M].杨富斌，译.北京：中华书局，2002.

[36] 谢地坤.狄尔泰与现代解释学 [J].哲学动态，2006（3）：16-23，42.

[37] 许国志，顾基发，车宏安.系统科学 [M].上海：上海科技教育出版社，2000.

[38] 颜泽贤，范冬萍，张华夏.系统科学导论——复杂性探索 [M].北京：人民出版社，2006.

[39] 杨建梅.对软系统方法论的一点思考 [J].系统工程理论与实践, 1998（8）: 92-96.

[40] 杨建梅, 顾基发.系统工程的软化——第二届英—中—日系统方法论国际会议述评 [J].华南理工大学学报, 1997（4）: 23-28.

[41] 杨建梅.利益协调软系统方法论——立论依据与逻辑步骤 [J].控制理论与应用, 1999（1）: 52-56, 61.

[42] 杨建梅.切克兰德软系统方法论 [J].系统辩证学学报, 1994（3）: 86-91.

[43] 哈贝马斯.作为"意识形态"的技术与科学 [M].李黎, 郭官义, 译.上海: 学林出版社, 2000.

[44] 张彩江, 王春生.系统方法论的发展及其内在动因分析 [J].系统工程理论方法应用, 2006（2）: 158-163, 169.

[45] 张桂权.论哲学的解释循环 [J].哲学研究, 1988（4）: 3-11.

[46] 张廷国.重建经验世界——胡塞尔晚期思想研究 [M].武汉: 华中科技大学出版社, 2003.

[47] 郑召利.哈贝马斯的交往行为理论 [M].上海: 复旦大学出版社, 2002.

[48] Ackoff R L.Optimization+objectivity=optout[J]. Journal of Operational Research, 1977, 1（1）: 1-7.

[49] Ackoff R L. Resurrecting the future of operational research[J]. Curious Cat Management, 1979, 30: 189.

[50] Arthur D H. A Methodology for systems Engineering[M].New York: D. Van Nostrand company, INC., 1962.

[51] Ashby W R. An Introduction to Cybernetics[M]. London: Chaprman Hall LTD., 1957.

[52] Boulding K E.General Systems Theory--the Skeleton of Science[J].

Management Science, 1956, 2（3）: 197-208.

[53] Burrell.G. "System Thinking, System Thinking" a review [J]. Journal of applied system analysis, 1983（10）: 121.

[54] Callo G R, Packham.The Use of Soft Systems Methodology in Emancipatory Development[J]. Systems Research and Behavioral Science, 1999, 16（4）: 311-319.

[55] Champion D, Stowell AF. Validating Action Research Field Studies: PEArL [J]. Systemic Practice and Action Research, 2003, 61（1）: 21-26.

[56] Checkland P. Achieving "Desirable and Feasible" Change: An Application of Soft Systems Methodology[J]. Journal of the Operational Research Society, 1985, 36, （9）: 821-831.

[57] Checkland P and Holwell S. Action Research: Its Nature and Validity [J].Systemic Practice and Action Research, 1998, 11（1）: 9-21.

[58] Checkland P. System thinking, System practice: include a 30-year retrospective[M]. Chichester: Wiley, 2000.

[59] Checkland P B.O.R. and the Systems Movement: Mappings and Conflicts [J]. The Journal of the Operational Research Society, 1983, 34, （8）: 661-675.

[60] Checkland P. Churchman's "Anatomy of System Teleology" Revisited[J]. Systems Practice, 1988, 1（4）: 3-7, 384.

[61] Checkland P. From Optimizing to Learning: A Development of Systems Thinking for the 1990s[J]. The Journal of the Operational Research Society, 1985, 36（9）: 757-767.

[62] Checkland P The Emergent Properties of SSM in Use: A Symposium by Reflective Practitioners[J]. Systemic Practice and Action Research,

2000, 13（6）: 799-823.

[63] Checkland P. The case for "holon" [J]. Systems Practice, 1988, 1（3）: 235-238.

[64] Checkland P, Scholes J. Soft Systems Methodology in Action[M]. Chichester. John Wily & Sons, Ltd., 1990.

[65] Checkland P. Soft Systems Methodology: a 30-year retrospective[M]. Chichester: Wiley, 1999.

[66] Checkland P, Sue Holwell.Information, Systemt and Information Systems [M]. Chichester: Wiley, 1998.

[67] Durkheim E. The Rules of Sociological Method[M]. New York: Free Press , 1938.

[68] Ellul J. The Technological Society[M]. London: Jonathan Cape, 1965.

[69] Gioia A D, Pitre E. Multiparadigm perspectives on theory building[J]. Academy of Management Review, 1990, 15（4）: 584-602.

[70] Goles T, Hirschheim R. The paradigm is dead, the paradigm isdead. long live the paradigm: the legacy of Burrell and Morgan[J]. 2000, 28（3）: 249-268.

[71] John Mingers, Sarah Taylor. The Use of Soft Systems Methodology in Practice[J]. The Journal of the Operational Research Society, 1992, 43（4）: 321-332.

[72] Khandwalla P N. The design of organizations[M]. New York: Harcourt Brace, 1979.

[73] Kluback W, Weinbaum M. Dilthey's Philosophy of Existence: Introduction to Weltanschauungslehre[M]. London: Vision Press, 1957.

[74] Koestler, Arthur. The Ghost in the Machine[M]. London:

Hutchinson, 1967.

[75] Kolakowski L. Positivist Science[M]. Harmondsworth: Penguin Books, 1972.

[76] Ludek Rychetnik. Soft Systems Methodology: Systemic and Systematic ? [J]. The Journal of the Operational Research Society, 1984, 35 (2): 168-170.

[77] Mike C. Jackson. Systems Approaches to Management[M]. New York: Plenum, 2000.

[78] Mike C J. System Thinking: Creative Holism for Managers[M]. Hoboken: John Wiley & Sons Ltd., 2003.

[79] Mingers J. A Classification of the Philosophical Assumptions of Management Science Methods[J]. The Journal of the Operational Research Society, 2003, 54 (6): 559-570.

[80] Mingers. J C. Subjectivism and Soft System Methodology— a critique[J]. Journal of applied system analysis, 1984 (11): 85.

[81] Mingers J. Multimethodology: for Mixing Towards a Framework Methodologies[J].Omega, Int. J. Mgmt Sci., 1997, 25 (5): 489-509.

[82] Parsons T. The Structure of Social Action[M]. New York: Free Press, 1937.

[83] Peter Checkland, John Poulter. Learning for Action: A short definitive account of soft systems methodology and its use for practitioners, teachers and students[M].Chichester: John Wiley & Sons Ltd., 2006.

[84] Peter Checkland, Sue Holwell.Information, Systems and Information Systems [M]. Chichester: John Wiley, 1998.

[85] Reason Peter W, Bradbury Hilary.The Sage Handbook of Action Research Participative Inquiry and Practice (2nd edition) [M].

London：Sage Publications：2008.

[86] Simon H A. The Architecture of Complexity[C]. Philadelphia：Proceedings of the American Philosophical Society，1962，106：467-482.

[87] Simon H A. The new science of management decision[M]. New YorK：Harper & Rowk，1960.

[88] Simon H A. The Organization of complex systems[M]. New York：Braziller，1973.

[89] Stacey R D. Strategic Management and Organizational Dynamics：The Challenge of Complexity（5th ed.）[M]. London：FT Prentice Hall，2007.

[90] Stephen K P. The epistemological assumption of Soft system methodology advocates[C]. International System Dynamics Conference，1994.

[91] Stowell F A，Allen GA.Cooperation，Power，and the Impact of Information Systems[J].Systems Practice，1988，1（2）：181-192.

[92] Sven Eliaeson. Max Weber's Methodologies：Interpretation and Critique[M]. Cambridge：Polity Press，2002.

[93] Willmott H. Breaking the Paradigm Mentality[J]. Organization Studies，1993，14（5）：681-720.

[94] ZeXian Y. A New Approach to Studying Complex Systems[J].Journal of Systems Research and Behavioral Science，2007，24（4）：403-416.

[95] Zexian Y，Xuhui Y. A revolution in the field of systems thinking-a review of Checkland's system thinking[J]. Systems Research and Behavioral Science，2010，27（2）：140-155.